Moses Apunda

Reforma do óleo de pirólise em combustível verde e limpo para os transportes

Moses Apunda

Reforma do óleo de pirólise em combustível verde e limpo para os transportes

ScienciaScripts

Imprint

Any brand names and product names mentioned in this book are subject to trademark, brand or patent protection and are trademarks or registered trademarks of their respective holders. The use of brand names, product names, common names, trade names, product descriptions etc. even without a particular marking in this work is in no way to be construed to mean that such names may be regarded as unrestricted in respect of trademark and brand protection legislation and could thus be used by anyone.

Cover image: www.ingimage.com

This book is a translation from the original published under ISBN 978-3-330-05734-0.

Publisher:
Sciencia Scripts
is a trademark of
Dodo Books Indian Ocean Ltd. and OmniScriptum S.R.L publishing group

120 High Road, East Finchley, London, N2 9ED, United Kingdom
Str. Armeneasca 28/1, office 1, Chisinau MD-2012, Republic of Moldova, Europe
Printed at: see last page
ISBN: 978-620-7-75443-4

Resumo

Nesta investigação, o óleo de pirólise de pellets de madeira foi melhorado através de hidrotratamento catalítico num reator descontínuo de 100 ml, utilizando ácido fórmico como fonte de hidrogénio e catalisadores à base de alumina. Foram utilizados quatro catalisadores heterogéneos de 5% de metal (Ru, Ni, Rh e Ni) a diferentes temperaturas de hidrotratamento (250 °C e 300 °C). Foram também utilizadas duas configurações diferentes com ácido fórmico e apenas com bio-óleo. Os produtos da reforma utilizando as duas condições de temperatura foram então analisados e comparados. Os resultados mostraram que a temperatura mais alta produziu muito carvão em comparação com a temperatura mais baixa, dando baixa recuperação de bio-óleo e baixo rendimento de carbono no bio-óleo. Além disso, a temperatura mais elevada resultou na produção de mais gás de dióxido de carbono e gases de hidrocarbonetos. O catalisador Ru parece ser o melhor de todos os catalisadores na redução da quantidade de oxigénio em wt-% em 42,12% a 250 °C. Após a análise do óleo, o bio-óleo tratado com Ru registou a composição mais elevada dos compostos mais leves, cerca de 88,5%, em comparação com o bio-óleo inicial, que apenas tinha 30,6%. Os resultados da análise elementar mostram que todos os bio-óleos melhorados apresentam um teor de oxigénio inferior ao do bio-óleo bruto, com um aumento da composição em hidrogénio e carbono. A composição dos compostos oxigenados dos bio-óleos melhorados com os catalisadores foi reduzida, tendo o Ru a taxa de redução mais elevada, com uma relação hidrocarbonetos/oxigenados de 3,3, contra 2,3 do bio-óleo bruto

Agradecimentos

É com o maior prazer que exprimo a minha profunda gratidão ao meu orientador, o Professor Paul Williams, cuja dedicação e grande interesse, com uma atitude avassaladora de ajuda aos académicos, tornaram possível a conclusão do meu trabalho a tempo. A sua abordagem científica, os seus conselhos académicos, a sua análise contínua e os seus conselhos atempados tornaram esta tarefa um sucesso.

Devo um profundo sentimento de gratidão ao meu co-orientador, Dr. Jude Onwudili, cujos conhecimentos científicos e compreensão me serviram de inspiração durante este projeto. As suas sugestões rápidas e a sua amabilidade, dinamismo e entusiasmo contribuíram positivamente para o sucesso deste trabalho. O meu apreço vai também para o Dr. Mohamad Nahil do Energy Research Institute (Universidade de Leeds) pelo seu interesse em mim durante as fases iniciais deste trabalho.

Não posso mencionar todos, mas agradeço profusamente a todos os actores que fizeram deste relatório um sucesso.

Conteúdo

Acrónimos

HDO-Hydrodeoxygenation

DCM- Dichloromethane

PNNL- Pacific Northwest National Laboratory

NREL-National Renewable Energy Laboratory

BOR-Bio-oil reforming without catalyst and formic acid

FA-Formic acid

CAPÍTULO 1

1.1 INTRODUÇÃO

Tem havido um maior declínio nos combustíveis fósseis facilmente disponíveis e, com a sua disponibilidade, há uma grande preocupação com as emissões de dióxido de carbono e de dióxido de azoto sempre que esses combustíveis são queimados (Parapati e Steele, 2014). O dióxido de carbono representa uma séria ameaça para o ambiente atmosférico e pode levar ao aquecimento global e, a emissão de dióxido de azoto pode levar a chuvas ácidas que são prejudiciais para o ambiente natural e podem também envolver reacções do ozono estratosférico e levar a alterações climáticas. Há uma necessidade urgente de investigação científica para encontrar um recurso energético sustentável que possa salvar a Terra da ameaça do aquecimento global e permitir a sustentabilidade ambiental. A biomassa é, de facto, considerada como o recurso mais promissor, uma vez que é muito abundante e sustentável (Carpenter *et al.*, 2014). A biomassa pode, por conseguinte, ser utilizada para produzir combustível líquido amigo do ambiente através de uma série de processos tecnológicos, tais como a pirólise. A biomassa é muito complexa na sua natureza, mas consiste em quantidades mínimas de azoto, enxofre e cinzas. A queima de combustíveis derivados da biomassa tem, por isso, uma degradação ambiental mínima em comparação com os combustíveis fósseis, que emitem grandes quantidades de gases nocivos para o ambiente, como o dióxido de carbono, a fuligem e os óxidos de azoto (NOX). A biomassa tem atraído muita atenção em todo o mundo no sector da energia, especialmente devido ao facto de poder ajudar a reduzir o desafio do aquecimento global causado pelo dióxido de carbono (CO_2), uma vez que tem emissões gasosas mínimas (Zhang *et al.*, 2007). Os combustíveis derivados da biomassa, quando queimados, produzem zero ou emissões negativas de dióxido de carbono, devido ao facto de as plantas utilizarem CO_2 durante o processo de fotossíntese (Tsai *et al.*, 2007).

1.2 Sustentabilidade da biomassa

A Terra está repleta de plantas, que são a principal fonte de biomassa. À medida que as plantas crescem, utilizam o CO_2 produzido pela queima dos combustíveis derivados da biomassa, como mostra a Figura 1.1. Se forem utilizados combustíveis derivados da biomassa, os gases com efeito de estufa emitidos para a atmosfera serão reduzidos, o que ajuda a reduzir o aquecimento global causado por esses gases, uma vez que as emissões de CO_2 e NOX serão nulas. A biomassa é, portanto, a melhor alternativa para cumprir o acordo de Quioto de redução das emissões de gases com efeito de estufa (Mohan *et al.*, 2006). A viabilidade da biomassa é muito elevada para a produção de combustível, uma vez que a biomassa é renovável e pode ser cultivada em qualquer terreno disponível com a utilização das partes não comestíveis das plantas e, por conseguinte, mantém a segurança alimentar, ao mesmo tempo que fornece soluções para o ambiente natural e cria estabilidade energética (RCEP, 2004). Para o bem de resíduos, a utilização da biomassa para a produção de biocombustíveis facilita a limpeza do ambiente, uma vez que reduz as emissões gasosas resultantes da má gestão dos resíduos urbanos e domésticos.

Figura 1.1: Sustentabilidade da biomassa

1.2 Percurso dos recursos de biomassa

Para produzir biocombustível, a biomassa tem de estar disponível. A biomassa pode ser proveniente de resíduos urbanos, restos de madeira colhida, palha ou outros caules de plantas, que devem ser bem preparados antes de serem convertidos em combustível líquido. A preparação da matéria-prima de biomassa é muito necessária para a tornar mais densa e conferir-lhe características físicas (Carpenter *et al.*, 2014). As operações de pré-processamento, como a moagem e a paletização, são, por conseguinte, muito importantes no processo de produção de bioóleo (produto líquido de pirólise) para a maioria das matérias-primas.

1.3 Composição da biomassa

A composição química de algumas das biomassas lenhosas e herbáceas utilizadas na produção de bio-óleo é apresentada no quadro 1.1. É uma indicação clara de que a composição química das diferentes matérias-primas de biomassa varia e resulta normalmente em bio-óleos de diferentes qualidades. Este bio-óleo é normalmente utilizável, mas devido ao facto de ter algumas qualidades indesejáveis em comparação com os combustíveis fósseis convencionais, há sempre necessidade de o melhorar para atingir qualidades desejáveis. A elevada composição de oxigénio na biomassa transferida para o bio-óleo resulta numa série de qualidades indesejáveis do bio-óleo, tais como baixo poder calorífico, elevada viscosidade e densidade (Elliott & Neuenschwander, 1997).

Quadro 1.1: Composição típica da biomassa lenhosa e herbácea

	Wood	Switchgrass	Corn stover
Proximate analysis (wt%, as rec'd)[a]			
Moisture	42.0	9.8	8.0
Ash	2.3	8.1	6.9
Volatile matter	47.8	69.1	69.7
Fixed carbon	7.9	12.9	15.4
Ultimate analysis (wt%-daf)[a]			
Carbon	51.5	50.7	49.7
Hydrogen	4.71	6.32	5.91
Oxygen	40.9	41.0	42.6
Nitrogen	1.06	0.83	0.97
Sulfur	0.12	0.21	0.11
Chlorine (%)	0.02	0.22	0.28
Structural organics (wt%-daf)[b]			
Cellulose	38.3	44.8	36.3
Hemicellulose	33.4	35.3	23.5
Lignin	25.2	11.9	17.5

Fonte: ([a] *Tillman et al.*, 2009;[b] *Vassilev et al.*, 2012)

Os componentes orgânicos da biomassa e a sua estrutura química são extremamente necessários para escolher a tecnologia correcta para produzir o combustível derivado. A biomassa tem três componentes orgânicos principais que podem ser classificados como: lenhina, celulose e hemicelulose (Yaman, 2004). Os diferentes tipos de biomassa têm componentes orgânicos variáveis, como se mostra no Quadro 1.2.

Tabela 1.2: Composição orgânica de diferentes tipos de biomassa (%-peso)

Biomass Type	Cellulose	Hemicellulose	Lignin	Extractives	Ash
Soft wood	41	24	28	2	0.4
Hard wood	39	35	20	3	0.3
Pine bark	34	16	34	14	2
Straw	40	28	17	11	7
Rice husk	30	25	12	18	16
Peat	10	32	44	11	6

Fonte: (Wagenaar, 1994)

Numa investigação conduzida por Elliott (1984) para melhorar os óleos de pirólise de várias fontes de biomassa utilizando o método de hidrotratamento, foram feitas várias observações. A investigação observou que os óleos derivados do eucalipto apresentavam uma taxa de desoxigenação inferior à dos óleos derivados do choupo,

O óleo derivado de madeira macia foi facilmente hidrogenado em comparação com os óleos derivados de bagaço e os óleos derivados de madeira macia pareceram ser facilmente hidrogenados do que o bio-óleo de madeira dura. Esta é uma indicação clara de que, dependendo do tipo de biomassa, são produzidas diferentes composições de bio-óleo e, por conseguinte, o consumo de hidrogénio durante o hidrotratamento varia em conformidade.

1.5 Processos de conversão da biomassa

Os resíduos sólidos ou os resíduos de biomassa podem ser utilizados de forma construtiva para produzir uma forma valiosa de energia. Isto pode ser feito utilizando técnicas analíticas adequadas para identificar as propriedades da biomassa ou dos resíduos sólidos antes de se escolher o método de conversão correto. Existem vários processos para converter a biomassa em produtos energéticos úteis. Estes processos podem ser biológicos, mecânicos ou térmicos. Os processos térmicos incluem: pirólise, gaseificação, liquefação e combustão (Parapati e Steele, 2014). Os processos de conversão térmica, como a gaseificação e a combustão, são também vitais para o fornecimento de energia útil, mas não fornecem a forma líquida de energia desejada, como se pode ver na Figura 1.2. A pirólise da biomassa ganhou mais força do que outros processos de conversão térmica, uma vez que produz produtos líquidos, sólidos e gasosos diretamente por decomposição térmica na ausência de oxigénio (Bridgwater, 2012).

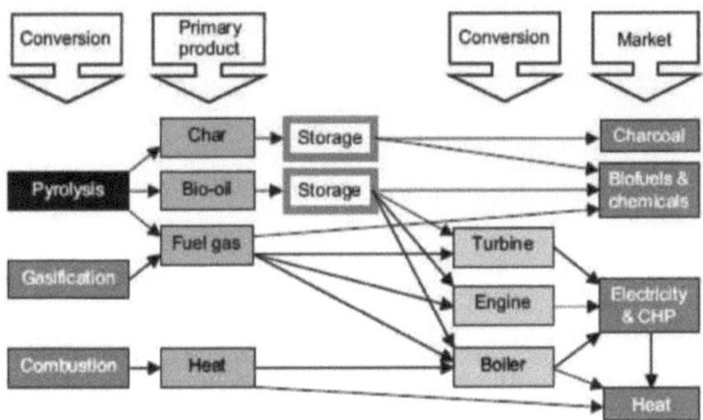

Fig. 1.2: Produtos dos processos de conversão e utilização da biomassa térmica (Bridgwater, 2012)

Por conseguinte, cada processo de conversão térmica resulta em produtos diferentes devido à aplicação de condições variáveis de temperatura, pressão e tempo. A chave para o interesse deste projeto é o bio-óleo, que é um produto da pirólise. O bio-óleo tem uma vasta gama de utilizações no sector da energia, mas também se depara com uma série de desafios resultantes de algumas das qualidades indesejáveis que apresenta, tais como o elevado teor de oxigénio dos compostos complexos nele contidos, juntamente com um elevado teor de água.

1.6 Trajetória da produção de bio-óleo e sua qualidade

A Figura 1.3 mostra um percurso na preparação de pellets de madeira para a produção de biocombustíveis.

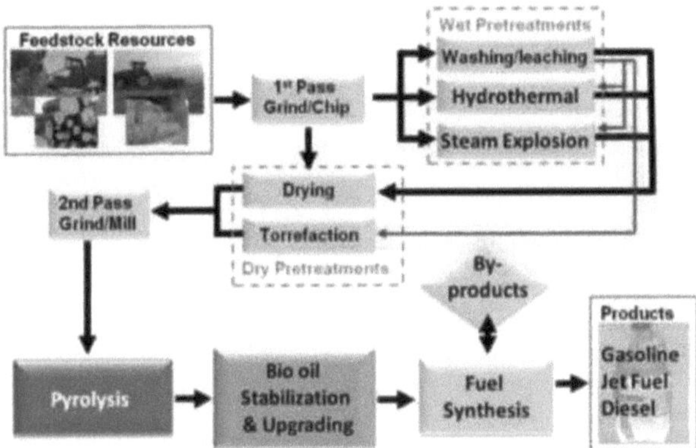

Figura 1.3: Processos de produção de bio-óleo a partir de recursos de biomassa, incluindo colheita, pré-tratamento, pirólise e estabilização/ modernização (Carpenter *et al.*, 2014).

O bio-óleo foi testado com diferentes tipos de motores, como motores a gasóleo, motores de turbina e motores Stirling. Quando estes motores foram posteriormente analisados, verificou-se que apresentavam corrosão, desgaste significativo e alguns depósitos sólidos, com exceção apenas dos motores Stirling (Bridgwater, 1999). Embora o motor Stirling não tenha sofrido danos, a sua eficiência de produção de eletricidade desceu do valor nominal em comparação com outros combustíveis convencionais, indicando que o valor energético desse bio-óleo específico era muito baixo. Por esta razão, existe uma clara necessidade de melhorar o bio-óleo para um tipo de óleo mais eficaz que possa funcionar eficazmente com motores e produzir eletricidade com maior eficiência. Huber *et al.* (2006) também observaram numa investigação que o teor de oxigénio no bio-óleo é muito elevado em comparação com o combustível petrolífero, o que dá ao bio-óleo um baixo valor de aquecimento e, por conseguinte, a necessidade de melhoramento. A fim de obter um combustível viável, os compostos orgânicos ácidos presentes no bio-óleo, como os ácidos carboxílicos e os fenólicos, juntamente com a água, devem ser eliminados para cumprir o índice de acidez da especificação do combustível para transportes. Para uma mistura adequada com álcoois como combustível de hidrocarbonetos, o combustível líquido produzido deve ser estável, com um baixo teor de oxigénio (Ruddy *et al.*, 2014).

1.6 Objetivo

Tendo analisado as possíveis causas das qualidades indesejáveis do bio-óleo, é prudente eliminar esses componentes indesejáveis do bio-óleo para melhorar a sua qualidade. Este projeto visa, portanto, a transformação do bio-óleo de pirólise em combustível líquido para transportes utilizando a reforma hidrotérmica catalítica.

1.7 Objectivos

- Compreender o processo de produção de bio-óleo por pirólise
- Utilizar métodos analíticos adequados para caraterizar o bio-óleo, as suas propriedades e os produtos do processo de reforma.
- Investigar a influência da temperatura na atualização hidrotérmica do bio-óleo.
- Investigar diferentes catalisadores (ruténio, níquel, ródio e platina) na reforma do bio-óleo.

CAPÍTULO 2

2.0 REVISÃO DA LITERATURA

2.1 Pirólise da biomassa

A pirólise é o processo de tratamento térmico da biomassa na ausência de oxigénio para dar origem a produtos gasosos, produto sólido (carvão vegetal) e líquido, que consiste numa solução aquosa de substâncias orgânicas e alcatrão (Maschio et *al.*, 1992). Na pirólise, as temperaturas mais baixas do processo e o tempo de residência mais longo dão origem a carvão vegetal, enquanto a temperatura elevada e o tempo de residência mais longo favorecem a conversão da biomassa em gás. Por conseguinte, para se obter uma elevada proporção de líquido, é necessária uma temperatura moderada com um tempo de residência curto (Yaman, 2004). Yaman (2004) define a pirólise como a decomposição térmica direta da matéria orgânica na ausência de oxigénio para obter produtos gasosos, líquidos e sólidos. De acordo com Yarman, a pirólise é um processo convencional que tem sido utilizado para produzir solventes, produtos químicos e combustíveis. A produção de carvão vegetal é uma forma de pirólise que tem sido tradicionalmente aplicada. Para obter produtos líquidos durante a pirólise, é aplicado um tempo de residência curto a uma temperatura relativamente baixa (Yaman, 2004). Este tipo de pirólise pode ser designado como rápido, instantâneo ou acelerado. A pirólise rápida envolve taxas de aquecimento elevadas e a extinção rápida dos produtos para evitar o prosseguimento da reação secundária que é suscetível de converter ainda mais os produtos (Klass, 1998). A influência da temperatura e do tempo de residência durante o tratamento térmico da biomassa determina os produtos formados. De acordo com Jahirul et *al.* (2012), a distribuição dos produtos de pirólise depende do tipo de pirólise e dos parâmetros operacionais. O tamanho das partículas em cada tipo de pirólise também varia de acordo com a Tabela 2.1. É importante notar que cada processo de pirólise difere no tempo de residência do sólido, na taxa de aquecimento, na temperatura do processo e no tamanho da partícula de biomassa. De acordo com Mohan et *al.* (2006), se a madeira seca for utilizada para produzir bio-óleo em pirólise rápida, o rendimento do bio-óleo varia entre 60% e 75% da percentagem de peso seco da madeira, dependendo do tipo de processo e da composição da matéria-prima utilizada.

Tabela 2.1: Produtos de diferentes processos de pirólise e parâmetros de funcionamento típicos

Pyrolysis Process	Solid Residence Time (s)	Heating Rate (K/s)	Particle Size (mm)	Temp. (K)	Product Yield (%)		
					Oil	Char	Gas
Slow	450–550	0.1–1	5–50	550–950	30	35	35
Fast	0.5–10	10–200	<1	850–1250	50	20	30
Flash	<0.5	>1000	<0.2	1050–1300	75	12	13

Fonte :(Jahirul *et al.*, 2012)

2.1.1 Influência da temperatura e do tempo de residência na pirólise

Durante o tratamento térmico da biomassa, os produtos prováveis são o carvão, os gases e o líquido. De entre os processos de tratamento térmico da biomassa, a pirólise rápida é considerada a mais recomendada, uma vez que dá origem a um produto energético mais valioso (bio-óleo). A conversão da biomassa em líquido, sólido e gases depende solidamente dos parâmetros de conversão, como a temperatura e o tempo de residência. Dependendo do tempo de residência da reação, os produtos podem variar, uma vez que as reacções secundárias podem avançar se for dado mais tempo. Para obter cerca de 75% de bio-óleo em peso, o tempo de residência da reação deve ser, no máximo, de 2 segundos a uma temperatura de cerca de 500 °C (Czernik e Bridgwater, 2004). A distribuição dos produtos pode, por conseguinte, ser modificada alterando as condições de funcionamento durante a pirólise. Condições como o tempo de residência do sólido, a temperatura, o tamanho das partículas, a composição da matéria-prima e a taxa de aquecimento são os factores determinantes da qualidade dos produtos a obter durante a pirólise (Maschio *et al.*, 1992). De acordo com Sinha *et al.* (2000), o processo de pirólise envolve;

- Transferência de calor que eleva a temperatura da biomassa para iniciar a pirólise primária,
- Quando a pirólise primária é iniciada a alta temperatura, os voláteis são libertados e forma-se carvão,
- Os voláteis quentes fluem para as zonas mais frias, provocando a transferência de calor para a biomassa não pirolisada,
- Os voláteis condensam nas partes mais frias e a reação secundária pode prosseguir, formando carvão,
- A pirólise secundária prossegue enquanto a pirólise primária se completa e ocorre uma decomposição térmica adicional que envolve a deslocação de gás de água, a reforma, a desidratação e a recombinação radicalar. Todas estas reacções dependem da temperatura, da pressão e do tempo de permanência no processo.

2.1.2 Processo de produção óptima de bio-óleo

De acordo com Gandarias e Arias (2013), quando a matéria-prima de biomassa é aquecida na ausência de oxigénio, formam-se produtos gasosos que se condensam após o arrefecimento. A pirólise pode ser considerada como lenta/rápida, dependendo das condições utilizadas. Uma taxa elevada de aquecimento das partículas (temperatura aproximada de cerca de 500° C) seguida de um arrefecimento rápido para condensar o vapor produzido num tempo de residência de 0,5-5 segundos constitui uma pirólise rápida. A pirólise rápida produz cerca de 60-75% em peso (bio-óleo líquido), 15-25% em peso (carvão sólido) e 10-20% em peso de gases não condensáveis. A pirólise lenta envolve o aquecimento da biomassa a temperaturas mais baixas do que na pirólise rápida, com um tempo de residência do vapor mais longo, de 5 a 30 minutos, mas isto resulta em menores de óleo de pirólise e maiores rendimentos de produtos de carvão e gás. Este é outro facto que recomenda vivamente a pirólise rápida como o método mais viável para a obtenção de bio-óleo (Gandarias e Arias, 2013), por oposição a outros processos como a carbonização lenta, a gaseificação e mesmo a torrefação lenta, que não produzem bio-óleo substancial, como se mostra na Figura 2.1.

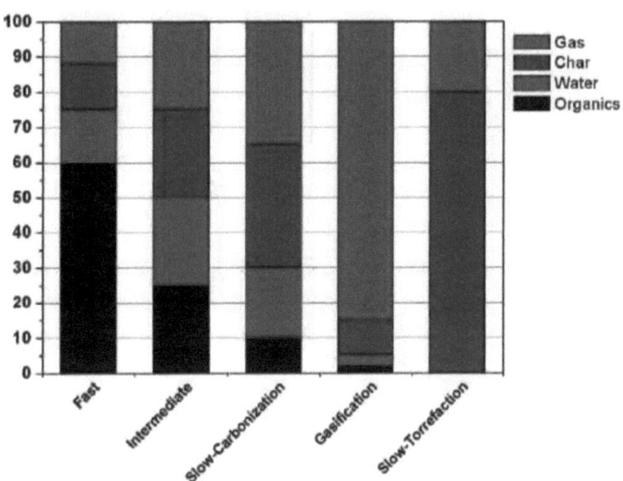

Figura 2.1: Espectro de produtos da pirólise (Bobleter, 1994)

De acordo com Bridgwater (2012), a composição do bio-óleo produzido durante a pirólise depende principalmente da temperatura e do tempo de residência. Uma pirólise rápida de quase 1 segundo de tempo de residência a uma temperatura média de 500 °C dá um elevado teor de bio-óleo de cerca de 75% em comparação com um processo de torrefação lenta que tem lugar a uma temperatura de cerca de 290 °C com um tempo de residência entre 10-60 minutos dando quase 0% de bio-óleo. É, portanto, uma indicação clara de que, para uma produção óptima de bio-óleo, a temperatura e o tempo são parâmetros de controlo muito críticos, como se mostra no quadro 2.2.

Table 2.2: Typical product weight yields (dry wood basis) obtained by different modes of pyrolysis of wood.				
Mode	Conditions	Liquid	Solid	Gas
Fast	~500 °C, short hot vapour residence time ~ 1 s	75%	12% char	13%
Intermediate	~500 °C, hot vapour residence time ~ 10–30 s	50% in 2 phases	25% char	25%
Carbonisation (slow)	~400 °C, long vapour residence hours → days	30%	35% char	35%
Gasification	~750–900 °C	5%	10% char	85%
Torrefaction (slow)	~290 °C, solids residence time ~ 10–60 min	0% unless condensed, then up to 5%	80% solid	20%

Fonte: (Bridgewater, 2012)

Para além da produção total de bio-óleo, a sua composição também varia consoante o modo de pirólise utilizado, como se pode ver no Quadro 2.3.

Tabela 2.3: Propriedades do bio-óleo de liquefação a alta pressão e de pirólise rápida

	high-pressure liquefaction	flash pyrolysis
elemental analysis		
carbon (wt %)	72.6	43.5
hydrogen (wt %)	8.0	7.3
oxygen (wt %)	16.3	49.2
sulfur (wt %)	<45	29.0
H/C atom ratio (dry)	1.21	1.23
density (g/mL)	1.15	24.8
moisture (wt %)	5.1	24.8
higher heating value (MJ/kg)	35.7	22.6
viscosity (cP)	15,000 (61 °C)	59 (40 °C)
aromatic/aliphatic carbon		
research octane number (RON)		
distillation range (wt %)		
IBP-225 °C	8	44
225–350 °C	32	coked

Fonte: (Elliott e Schiefelbein, 1989)

2.2 Características do bio-óleo

2.2.0 Qualidade e composição do bio-óleo

O produto líquido da pirólise é chamado bio-óleo e é a parte mais útil dos produtos da pirólise (Bridgwater, 1999). O bio-óleo é um líquido castanho escuro (Figura 2.2) com um odor a fumo.

Figura 2.2: Propriedade do bio-óleo

A composição do bio-óleo depende do tipo de matéria-prima, do tipo de pirólise e das condições em que a pirólise é efectuada (Balat *et al.,* 2009). Maschio *et al.* (1992) efectuaram uma investigação sobre a pirólise convencional com diferentes matérias-primas e observaram que o bio-óleo de diferentes materiais possui propriedades químicas variáveis, bem como os seus valores de aquecimento.

O bio-óleo tem potencial para ser utilizado como substituto do fuelóleo, uma vez que vários testes indicam que esses óleos ardem eficazmente em motores e caldeiras modificados, tal como os combustíveis comerciais. O valor de aquecimento situa-se entre 40% e 50% do valor dos combustíveis de hidrocarbonetos (Yaman, 2004). De acordo com Oasmaa e Czernik (1999), o bio-óleo tem algumas qualidades indesejáveis que não o tornam aplicável para o funcionamento de um motor, uma vez que tem um elevado teor de água, que é prejudicial para a ignição, e alguns vestígios de ácido orgânico no óleo, que é altamente corrosivo para o material de construção. As partículas sólidas (carvão) no óleo também podem levar ao bloqueio dos injectores e corroer as lâminas da turbina. Estas propriedades indesejáveis justificam, por conseguinte, o melhoramento do bio-óleo para o tornar mais desejável. O bio-óleo contém uma variedade de compostos químicos complexos com cerca de 15-30% de fragmentos de lenhina insolúveis em água, 20-30% de água, 5-10% de hidratos de carbono, 2-5% de álcoois, 1-5% de cetonas, 10-15% de ácidos orgânicos, 10-20% de aldeídos, 2-5% de fenólicos e 1-4% de furfurais (Grirard e Blin, 2005). A Figura 2.3 mostra a composição química do bio-óleo, tal como investigada por Milne *et al.* (1997). O bio-óleo tem mais de 400 compostos, tendo cada um deles uma elevada quantidade de compostos oxigenados. Devido a esta complexidade, a sua caraterização continua a ser um desafio. Por conseguinte, no processo de hidrodesoxigenação, o teor de oxigénio é reduzido numa série de reacções (Ruddy *et al.*, 2014).

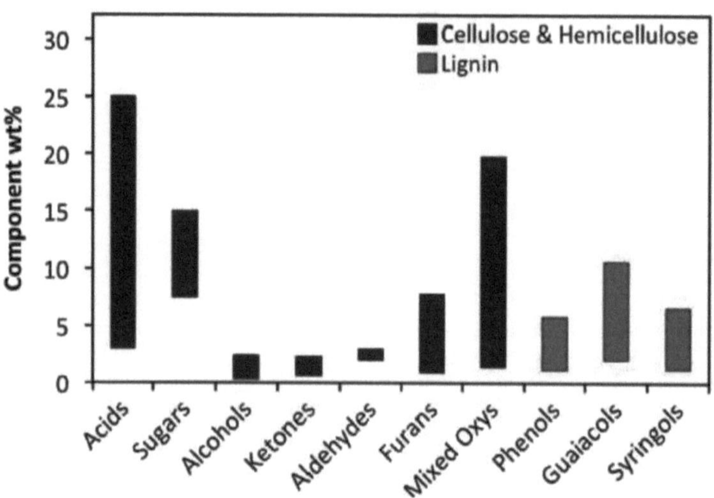

Figura 2.3: Composição química do bio-óleo (Milne *et al.*, 1997)

Num estudo efectuado por Diebold (2003) sobre os compostos químicos presentes em bio-óleos de diferentes culturas energéticas, quando se utilizou HPLC e GC/MS para analisar o bio-óleo, verificou-se que os fenóis dominavam o bio-óleo, como se pode ver no quadro 2.4. Isto indicou uma clara necessidade de reduzir os oxigenados no bio-óleo como solução para ser utilizado como combustível de transporte. Com base no estudo, Diebold (2003) referiu que os compostos fenólicos derivados da lenhina no bio-óleo, detectados por GC/MS, tinham os fenóis como o composto mais abundante, com cerca de 1,0 % em peso nos caules de luzerna e uma média de 0,7 % em peso nos bio-óleos de gramíneas. Esta composição é quase idêntica à dos bio-óleos de plantas lenhosas (Diebold, 2003).

Tabela 2.4: Componentes químicos complexos do bio-óleo de diferentes fontes

Quantification of Some Bio-oil Components (wt %)						
quantification method	compound	group	switchgrass	alfalfa, early bud	alfalfa, full flower	typical wood
Cellulose/Hemicellulose-Derived Compounds (wt %)						
HPLC	acetic acid	acids	2.94	2.26	3.49	0.5–12
HPLC	glyoxal	aldehyde	trace	0.35	1.05	
GC	furfural	furan	0.62			0.1–1.1
GC	furfuryl alcohol	furan		0.18	0.20	0.1–5.2
GC	2-methyl-2-cyclopenten-1-one	ketone	0.16	0.27	0.26	
GC	3-methyl-2-cyclopenten-1-one	ketone	0.34	0.46	0.44	
HPLC	hydroxyacetaldehyde	oxygenates	2.40			0.9–13
GC	4-hydroxy-4-methyl-2-pentanone	oxygenates	0.05	0.24	0.04	
HPLC	acetol	oxygenates	2.75	0.78	2.35	0.7–7.4
HPLC	levoglucosan	sugar	6.38	0.14	0.37	4.8–5.4
Lignin-Derived Compounds (wt %)						
GC	guaiacol	phenol	0.18	0.51	0.46	0.1–1.1
GC	2-methoxy-4-methylphenol	phenol	0.07	0.21	0.16	0.1–1.9
GC	isoeugenol	phenol	0.45	0.70	0.73	0.1–7.2
GC	2,6-dimethoxyphenol	phenol	0.20	0.37	0.43	0.7–4.8
GC	phenol	phenol	0.66	1.14	0.95	0.1–3.8
GC	o-cresol	phenol	0.19	0.30	0.24	0.1–0.6
GC	2,5-dimethylphenol	phenol	0.01	0.08	0.07	
GC	p-cresol	phenol	0.27	0.44	0.33	0.1–0.5
GC	m-cresol	phenol	0.20	0.47	0.34	0.1–0.4
GC	2,4-dimethylphenol	phenol	0.10	0.17	0.14	0.1–0.3
GC	3,5-dimethylphenol	phenol	0.05	0.12	0.08	
GC	4-ethylphenol	phenol	0.22	0.17	0.15	
GC	3-ethylphenol	phenol	0.04	0.06	0.06	
GC	2-ethylphenol	phenol	0.03	0.07	0.04	0.1–1.3
Protein-Derived Compounds (wt %)						
GC	benzylnitrile	nitrogen	trace	0.10	0.06	
GC	indole	nitrogen		0.15	0.01	

Fonte: (Diebold, 2003)

Embora a produção de bio-óleo pareça sustentável e rentável, algumas das suas propriedades indesejáveis podem resultar em efeitos prejudiciais quando utilizadas diretamente como combustíveis de transporte em equipamentos como motores, caldeiras de combustão e turbinas concebidos para utilizar combustíveis derivados do petróleo (Czernik e Bridgwater, 2004). O elevado teor de oxigénio do bio-óleo, que varia entre 20 e 50 wt%, confere-lhe fracas propriedades de combustão em comparação com os combustíveis de petróleo, pelo que apresenta propriedades químicas e físicas diferentes (Oasmaa e Czernik, 1999). O elevado teor de oxigénio presente nos bio-óleos (próximo de 50 wt%) polimeriza facilmente, o que leva à instabilidade do combustível, resultando num fraco desempenho do combustível durante o processo de combustão (Furimsky, 2000). As propriedades críticas indesejáveis do bio-óleo que limitam a sua aplicação como combustível de transporte incluem - sua corrosividade, baixa volatilidade, baixo valor de aquecimento, alta viscosidade, bem como sistemas de coqueamento e fluxo frio, conforme relatado por Czernik e Bridgwater (2004). Embora a produção de bio-óleo através da utilização de pirólise rápida catalítica e hidropirólise tente melhorar as suas qualidades, as qualidades indesejáveis mencionadas continuam a existir, mas em menor percentagem. Para que o bio-óleo possa ser utilizado eficazmente como combustível líquido de transporte, tal como os combustíveis derivados do petróleo, é necessário melhorá-lo, reduzindo consideravelmente o oxigénio presente. Isto assegurará que se torne altamente estável, altamente volátil e apresente uma elevada densidade energética, entre outras qualidades desejáveis. De acordo com Huber *et al.* (2006), os principais problemas da combustão de bio-óleo em motores diesel incluem: coqueificação devido a componentes termicamente instáveis, corrosividade devido à sua natureza ácida e dificuldade de ignição devido à presença de água e ao baixo valor de aquecimento. Devido a estes desafios, o bio-óleo deve, por conseguinte, ser melhorado para poder ser utilizado eficazmente em motores diesel.

2.2.1 Comparação do bio-óleo pirolisado com outros óleos

Quando o bio-óleo é comparado com o petróleo bruto convencional, com a nafta derivada do carvão e com o petróleo bruto de xisto, continua a apresentar uma elevada componente de oxigénio, o que diminui consideravelmente o seu valor energético, daí a necessidade de reduzir a componente de oxigénio. As tabelas 2.5 e 2.6 mostram a composição de diferentes petróleos brutos em comparação com o bio-óleo. A partir das tabelas, pode ver-se claramente que o bio-óleo tem um teor de oxigénio mais elevado e, por conseguinte, a necessidade de reduzir a composição de oxigénio para melhorar o seu desempenho. Furimsky (2000) efectuou uma investigação intensiva sobre a hidrodesoxigenação catalítica para melhorar a qualidade do bio-óleo e observou que a aplicação deste processo de reforma é ditada pelo tipo de óleo a utilizar. É muito aplicável ao bio-óleo devido ao facto de o bio-óleo ter um elevado teor de oxigénio.

Huber *et al.* (2006) efectuaram uma investigação para analisar as variações das propriedades do bio-óleo de pirólise da madeira e do óleo pesado. A investigação observou que o óleo de pirólise tem um teor de oxigénio mais elevado de 35-40 % em comparação com 1 % em peso de óleo pesado, uma situação que justifica a redução do teor de oxigénio do bio-óleo para aumentar o seu valor de aquecimento que é de 16-19 MJ/kg em comparação com o do óleo pesado que é de 40MJ/Kg, como se mostra na Tabela 2.5 (Huber *et al.*, 2006). Outra investigação realizada por Ruddy *et al.* (2014) confirmou que a composição de água e oxigénio é muito mais elevada no óleo de pirólise do que no óleo de petróleo, enquanto o carbono e o hidrogénio são muito mais baixos no bio-óleo, tal como desejado pelo combustível de transporte (Tabela 2.6)

Tabela 2.5: Propriedades do bio-óleo de pirólise da madeira em comparação com o fuelóleo pesado

Property	Pyrolysis Oil	Heavy Oil
Moisture Content, wt %	15-30	0.1
pH	2.5	
Elemental Composition, wt %		
Carbon	54-58	85
Hydrogen	5.5-7.0	11
Oxygen	35-40	1.0
Nitrogen	0-0.2	0.3
Ash	0-0.2	0.1
Higher Heating Value, MJ/kg	16-19	40
Viscosity (50°C), cP	40-100	180
Solids (wt%)	0.2-1.0	1

Fonte: (Huber *et al.*, 2006)

Tabela: 2.6: Petróleo bruto de petróleo comparado com bio-óleo de pirólise

	Petroleum crude oil (wt%)	Pyrolysis bio-oil (wt%)
C	83–86	55–65
H	11–14	5–7
O	<1	30–50
N	<4	<0.1
S	<1	<0.05
Water	0.1	20–30

Fonte :(Ruddy *et al.*, 2014)

2.3 Tecnologias de melhoramento de bio-óleo.

Existem várias tecnologias disponíveis para a conversão de biomassa em óleo utilizável (Wildschut *et al.*, 2009a). Embora o bio-óleo produzido a partir de biomassa possa servir como a melhor alternativa, tem ainda de ser submetido a processos de melhoramento para poder ser utilizado como combustível para transportes. No passado, foram sugeridos diferentes âmbitos tecnológicos para ajudar a melhorar as qualidades do bio-óleo. Algumas das tecnologias sugeridas incluem: hidrotratamento catalítico, craqueamento catalítico e mistura com álcool (Zhang *et al.*, 2007). Algumas outras técnicas melhoradas testadas incluem: olefinação, esterificação, extração química e reforma a vapor (Parapati e Steele, 2014). O hidrotratamento catalítico envolve a redução do oxigénio do bio-óleo através da hidro-desoxigenação, dando como subproduto hidrocarbonetos saturados e água (equação 1)

$$- (CH_2O) - + H_2 \longrightarrow - (CH_2) - + H_2O \dots\dots\dots\dots\text{(eq. 1)}$$

Embora tenham sido estudados vários processos para reduzir o oxigénio de compostos modelo oxigenados, como a descarboxilação e a descarbonilação do monóxido de carbono ou do dióxido de carbono através de processos catalíticos ou térmicos, o seu sucesso ainda não remove uma percentagem elevada de oxigénio em comparação com a hidrodesoxigenação (de Miguel Mercader *et al.*, 2010).

O elevado teor de oxigénio do bio-óleo tem múltiplas características negativas que o tornam muito viscoso, pouco imiscível com os combustíveis convencionais e com baixo poder calorífico. O bio-óleo também tem um problema adverso de instabilidade durante o armazenamento, uma vez que a sua densidade, valor calorífico e viscosidade se alteram, tal como referido por Elliott & Neuenschwander (1997). De acordo com Mortensen *et al.* (2011), a instabilidade do bio-óleo resulta do facto de alguns dos seus compostos orgânicos, como as cetonas, os ácidos orgânicos e os aldeídos, serem altamente reactivos, dando origem a ésteres, hemiacetais e acetais, respetivamente. Numa tentativa de reduzir o teor de oxigénio do bio-óleo e melhorar a sua relação H/C, estabilidade e miscibilidade com o óleo convencional, é escolhido um método de melhoramento de alto perfil e rentável. Alguns dos processos, como o melhoramento com zeólitos, o hidrotratamento, o fracionamento, a condensação e o processamento em fase aquosa, têm sido amplamente estudados para melhorar o bio-óleo (Wang *et al.*, 2013). A Figura 2.4 mostra algumas das rotas de melhoramento do bio-óleo a partir da conversão de biomassa em combustível líquido.

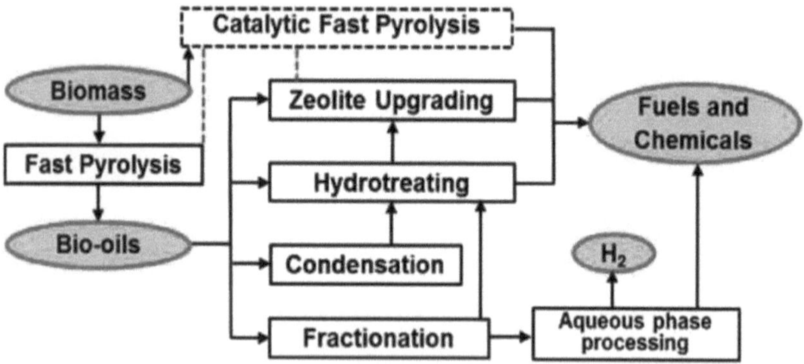

Figura 2.4: **Rotas de pirólise para a conversão de biomassa em combustíveis líquidos e produtos químicos** (Wang *et al.*, 2013)

Gandarias e Arias (2013) analisaram exaustivamente três opções de modernização que incluem

- Hidrotratamento catalítico/hidrodeoxigenação (HDO) - Consiste em reacções como o hidrocracking, a descarboxilação, a hidrogenação e a hidrogenólise.

- Melhoramento com zeólito - ocorre sem fontes externas de hidrogénio, mas tem o inconveniente de o bio-óleo resultante ter um valor de aquecimento e H/C inferiores aos dos combustíveis convencionais.

- Esterificação - Aumenta potencialmente as propriedades físicas e químicas do bio-óleo, mas tem o desafio de exigir uma grande quantidade de álcool, que é muito procurado.

A esterificação pode, por conseguinte, limitar o melhoramento constante do bio-óleo, uma vez que o álcool é muito procurado em vários sectores de produção, pelo que o hidrotratamento catalítico/hidrodesoxigenação (HDO) e o melhoramento com zeólito são amplamente considerados. A semelhança entre os dois processos viáveis reside no facto de ambos utilizarem catalisadores para melhorar o bio-óleo. As reacções durante o melhoramento catalítico melhoram as propriedades do bio-óleo removendo o oxigénio presente no composto sob a forma de água ou de dióxido de carbono (Figura 2.5).

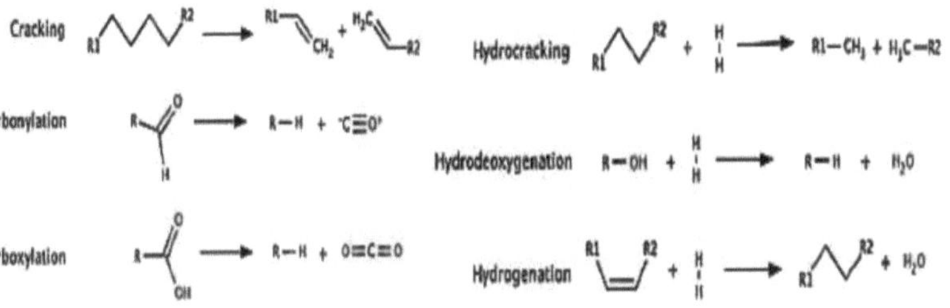

Figura 2.5: **Reacções de reformação catalítica** (Mortensen *et al.*, 2011)

1.1.1 Benefícios da redução do teor de oxigénio do bio-óleo

Com a redução do teor de oxigénio, a densidade do bio-óleo diminui, uma vez que a densidade do óleo é uma função do teor de oxigénio do óleo. De acordo com a investigação de Elliott & Neuenschwander (1997), uma conclusão sugeria que, com um teor relativo de oxigénio de cerca de 10%, a densidade do óleo produzido aproximava-se de 1g/ml, o que é muito desejável, uma vez que a água removida durante o processo aumenta o teor energético do óleo. Diferentes investigações de melhoramento de bio-óleo utilizando diferentes catalisadores realizadas pelo PNNL e pela VEBA indicaram a relação entre a densidade do bio-óleo e o teor de oxigénio, como se mostra na Figura 2.6.

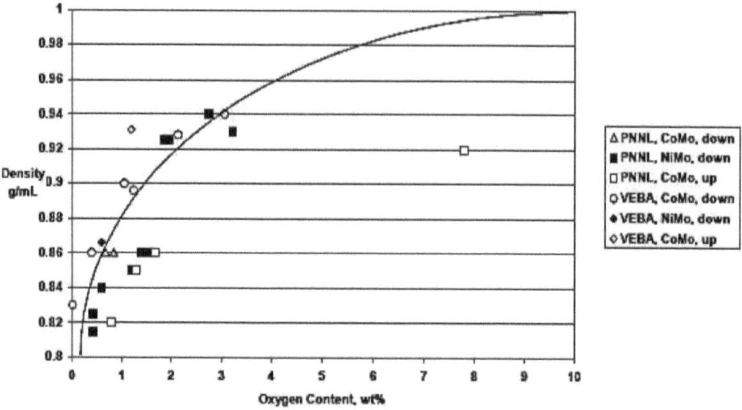

Figura 2.6: Densidade do óleo produzido versus teor de oxigénio (Elliott & Neuenschwander, 1997)

A viscosidade, que é uma função do óleo produzido, também diminui com a redução do teor de oxigénio durante o processo de hidrodesoxigenação. O bio-óleo com baixa viscosidade é muito desejável na maioria das turbinas. Elliott & Neuenschwander (1997) analisaram ainda seis resultados experimentais e concluíram que, quando o teor de oxigénio é reduzido, a viscosidade também diminui, de acordo com a tendência apresentada na Figura 2.7.

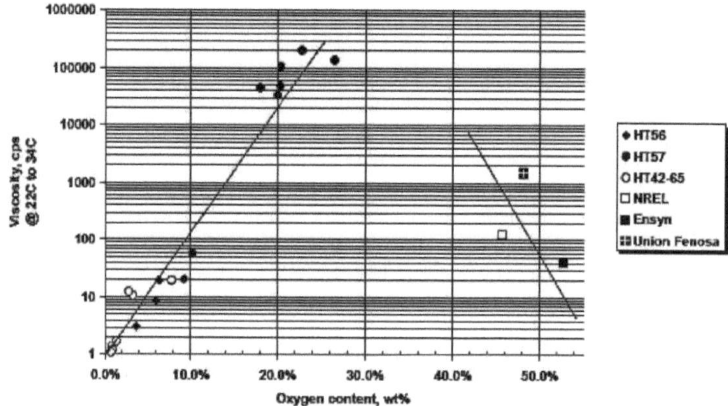

Figura 2.7: Viscosidade do óleo do produto versus teor de oxigénio (Elliott & Neuenschwander, 1997)

1.1.2 Catalisadores e parâmetros de hidrotratamento

Alguns dos catalisadores aplicados nesta tecnologia são CoMo e NiMo (sulfonados) em base de alumina (Wildschut *et al*, 2009a). Num estudo realizado por Elliott e Neuenschwander (1997), verificou-se que o hidrotratamento do bio-óleo passa por duas etapas principais, nomeadamente: - aplicação de baixas temperaturas abaixo dos 250 °C para evitar a formação excessiva de sólidos (etapa de estabilização) e etapa final de desoxigenação a uma temperatura superior a 350 °C. Num trabalho semelhante realizado por Elliott *et al*. (1988), a redução do oxigénio do bio-óleo foi efectuada em duas fases, a uma temperatura moderadamente baixa de 270 °C e a uma pressão de 13,6 MPa, basicamente para evitar a obstrução do reator, o bloqueio catalítico e a polimerização dos compostos que contêm oxigénio. A segunda fase final da investigação foi realizada a uma temperatura de 400 °C com uma pressão de 13,6 Mpa para remover o oxigénio durante o hidrocracking na presença de catalisadores sulfurados ($NiMo/Y-Al\ O_{23}$ e $CoMo/Y-Al\ O_{23}$). Foi obtido bio-óleo melhorado com um rendimento médio de 53 wt% com um teor de oxigénio inferior de cerca de 10% quando foi utilizado o catalisador Ru/C. Para além do óleo melhorado visado, formaram-se também alguns outros produtos, como componentes da fase gasosa e sólidos. Quando se utilizaram condições mais suaves, a formação de componentes da fase gasosa variou entre 3 e 6 % em peso, enquanto a formação de componentes sólidos variou entre 1 e 10 % em peso. A quantidade de gases e a formação de sólidos aumentaram até 15 % em peso e 26 % em peso, respetivamente, quando se utilizou uma temperatura mais elevada. Para uma recuperação efectiva da massa de bio-óleo, evita-se a formação de sólidos e de componentes gasosos, uma vez que estes têm um efeito negativo no balanço energético e de massa de todo o processo (Wildschut e Heeres, 2008). Em caso de formação excessiva de sólidos, pode ocorrer o bloqueio do reator, juntamente com problemas de funcionamento relacionados com o motor.

1.1.3 Escolha do catalisador de hirodeoxigenação e do suporte do catalisador.

O processo HDO pode utilizar os catalisadores do processo de hidrogenodessulfurização, uma vez que os catalisadores já se encontram na sua forma ativa de sulfureto. Para obter a forma ativa dos catalisadores HDO, é efectuado um tratamento com $H_{2}S$ antes do processo HDO para obter sítios activos de $Ni-MoS_2$ ou $Co-MoS_2$ (Gandarias e Arias, 2013).

Ba *et al*., (2004) assinala o inconveniente da utilização de catalisadores do tipo MoS_2 para a HDO do bio-óleo, que inclui a remoção do enxofre e a oxidação da superfície do catalisador, resultando na sua desativação. Esta taxa de remoção de enxofre é mais elevada no bio-óleo em comparação com os combustíveis convencionais porque o teor de enxofre no bio-óleo é muito baixo, inferior a 0,1%. Por conseguinte, a utilização de catalisadores do tipo MoS_2 é muito restritiva, uma vez que o bio-óleo, que não contém enxofre, pode ser facilmente contaminado pelo enxofre. Além disso, devido ao facto de os bio-óleos à base de madeira terem teores mais elevados de compostos fenólicos, estes podem competir com o H2S pelos locais activos do catalisador (Gandarias e Arias, 2013).

Os suportes utilizados também devem ser escolhidos com muito cuidado. O Y-Al2O3 tem sido amplamente utilizado, mas é necessário ter em conta as alterações estruturais susceptíveis de ocorrer devido às condições da HDO. É provável que o Al2O3 seja convertido em boehmite hidratada (ALOOH) quando entra em contacto com a água quente produzida durante o processo a uma temperatura relativamente elevada (T > 350 °C) (Ravenelle, 2011).

Além disso, a formação de coque foi investigada e concluiu-se que é o resultado da elevada acidez da superfície do Al2O3. De acordo com Centeno *et al.* (1995), a utilização de suportes com baixo teor de acidez ou neutros, como SiO2 ou carvão ativo, pode ser uma alternativa. Uma experiência realizada por Echeandia *et al.* (2010) utilizando Ni-WO3 em carvão ativo durante a HDO de 1 wt% de fenol a 150 - 300 °C e 15 bar em n-octano deu origem a uma formação de coque muito baixa quando comparada com a mesma experiência utilizando um suporte de alumina. De acordo com Gutierrez *et al.* (2009), catalisadores metálicos como Rh, Pd e Pt com suporte de ZrO2, quando comparados com o catalisador convencional de CoMo/Al2O3 sulfatado em HDO de guaiacol, numa experiência realizada a 300 °C na presença de hidrogénio, houve deposição de carbono no CoMo/Al2O3 sulfatado, o que resultou na sua desativação e na contaminação dos produtos formados pelo enxofre, enquanto os catalisadores de metais nobres com suporte de ZrO2 não tiveram qualquer destes problemas. Por conseguinte, é importante notar que o melhor suporte escolhido para o catalisador HDO deve ter uma maior afinidade pela molécula que contém oxigénio e, ao mesmo tempo, apresentar um meio ácido moderado de modo a reduzir a formação de coque.

Numa investigação sobre HDO efectuada por Wildschut *et al.* (2009b), os suportes de carbono e TiO2 apresentaram um bom desempenho em comparação com o suporte de alumina. Osada *et al.* (2006) analisaram a disparidade entre os suportes de alumina, o que se deve ao facto de esta ter uma área de superfície específica mais pequena do que os suportes de carbono e TiO2. No entanto, o suporte de sílica também pode ser utilizado, uma vez que tem uma área de superfície elevada, exceto que se dissolve facilmente a altas temperaturas e, por conseguinte, não pode ser utilizado como suporte de catalisador metálico nos casos em que é aplicada uma temperatura elevada em água supercrítica. Este é um indicador claro de que os suportes têm diferentes estabilidades. Suportes como o carbono e o óxido de titânio são inertes, enquanto a alumina é vulnerável ao ataque da água a temperaturas elevadas, tal como analisado por Laurent e Delmon, (1994). A reação da água com o suporte de alumina reduz muito a sua área de superfície devido à possível cristalização da alumina na fase boehmite. Elliott *et al.*, (2009) realizaram ainda uma investigação sobre a estabilidade dos suportes para os catalisadores de metais nobres em água subcrítica e observaram que o carvão ativado, a zircónia e a a-alumina têm uma elevada estabilidade, exceto a a-alumina, que tem tendência a ser instável quando utilizada durante mais horas em sistema aquoso, uma vez que é hidrolisada pela água.

Quando Wildschut *et al.* (2009b) realizaram uma investigação para comparar o grau de desoxigenação e o rendimento do óleo, verificou-se que catalisadores como o Ru e o Pd tinham bons potenciais, mas os seus custos elevados tornam-nos muito pouco atractivos. A figura 2.8 resume o potencial dos catalisadores utilizados.

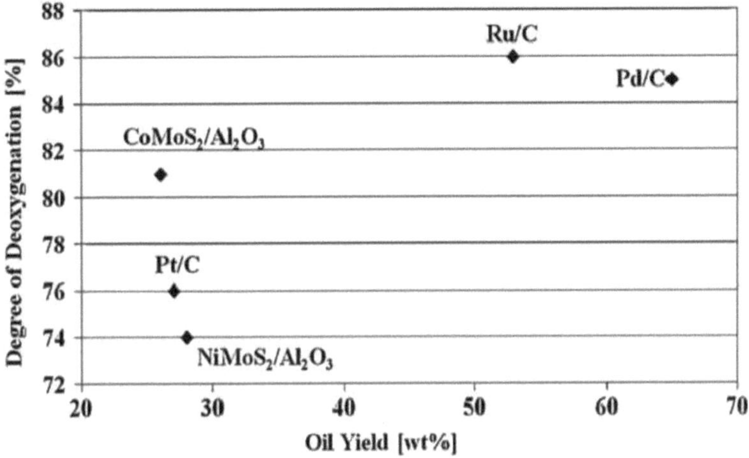

Figura 2.8: Avaliação de diferentes catalisadores no grau de desoxigenação e rendimento em óleo (Wildschut *et al.*, 2009b)

2.4 Cracking catalítico com zeólito

As principais reacções experimentadas neste caso são o craqueamento e a desidratação, com o sítio ácido a facilitar a adoção do oxicomposto seguido da decomposição ou desidratação do monómero bimolecular (Mortensen *et al.*, 2011). As zeólitas podem produzir aromáticos sem a utilização de hidrogénio a pressões atmosféricas. O único desafio é que o produto final (bioóleo) deste método de melhoramento tem um valor de aquecimento muito baixo. Este facto deve-se basicamente ao elevado rácio O/C e ao baixo rácio H/C em comparação com o óleo de pirólise HDO (Bridgwater e Peacocke, 2000). A utilização do melhoramento com zeólito também enfrenta o desafio da formação de coque, que resulta na diminuição da atividade catalítica após algum tempo (Cheng e Huber, 2011). No seu trabalho, Gayubo *et al.* (2004) observaram que a formação de coque aumentava significativamente acima de 400 °C, uma condição que limita o craqueamento catalítico com zeólito como melhor processo de reforma. Por conseguinte, o hidrotratamento catalítico/hidrodesoxigenação (HDO) parece ter o melhor potencial para transformar o bio-óleo em óleos de elevada qualidade, que podem corresponder aos combustíveis fósseis.

2.5 Reação catalisada por ácido de bio-óleo utilizando olefinas e álcoois

Zhang *et al.* (2013) realizaram uma experiência para melhorar o bio-óleo bruto utilizando álcoois e olefinas sobre ácido sulfúrico de sílica numa reação catalisada por ácido, o espetrómetro de massa por cromatografia gasosa mostrou uma clara mudança na composição complexa dos bio-óleos melhorados, como se mostra na Figura 2.9. Verificou-se uma diferença completa na matriz complexa do bio-óleo, em que os compostos oxigenados foram grandemente reduzidos após a atualização. As 3 experiências foram efectuadas durante 3 horas a 120 °C. Incluíram:-

A: Bio-óleo bruto

B: Bio-óleo melhorado utilizando 1-octeno puro (rácio de 1-octeno para bio-óleo=0,6:1,5)

C: Bio-óleo melhorado utilizando 1-octeno/1-butanol (rácio de 1-octeno/1-butanol para bio-óleo=1,5:0,6:0,75.

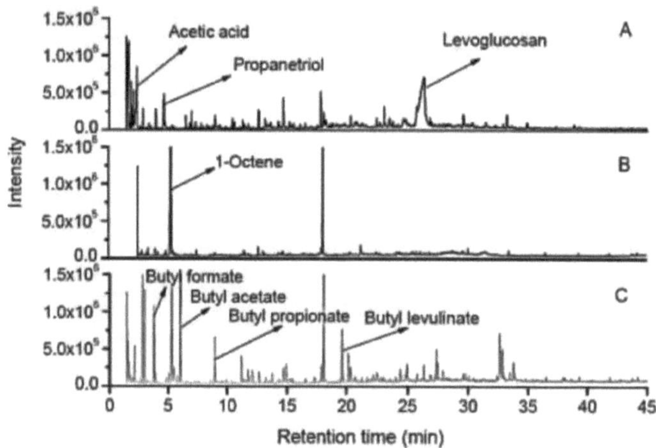

Figura 2.9: Cromatogramas de bio-óleo melhorado utilizando olefinas e álcoois em reação catalisada por ácido

2.6 Hidrodeoxigenação

Elliott e Baker (1984) elaboraram o primeiro trabalho de investigação sobre a forma como o óleo de pirólise poderia ser melhorado e quase chegaram à conclusão de que era impossível melhorar o bio-óleo. Foi observada uma semelhança entre o processo de hidrotratamento utilizado e a hidrodessulfurização, que mais tarde se tornou um ponto de partida para a valorização do bio-óleo. A semelhança resultou dos catalisadores comummente aplicados, como o CoMo/Al2O3 e o NiMo/Al2O3. No seu trabalho inicial, Elliott e Baker verificaram um bloqueio grave do reator devido à carbonização do bio-óleo.

Isto facilitou a necessidade da fase de estabilização, em que os compostos mais reactivos foram convertidos em compostos menos reactivos em condições controladas para ajudar a minimizar a carbonização nas fases subsequentes do hidrotratamento (Elliott e Neuenschwander, 1997). A hidrodesoxigenação consiste no tratamento do bio-óleo com hidrogénio a alta pressão a uma temperatura moderada (250 °C a 600 °C). Para que a reação dê frutos, deve ser realizada na presença de catalisadores heterogéneos (Huber *et al*, .2006). Durante este processo, o oxigénio presente nos compostos complexos de bio-óleo é convertido em água, o que é aceitável do ponto de vista ambiental (Furimsky, 2000). Os principais catalisadores utilizados neste processo são basicamente os catalisadores industriais utilizados na remoção de azoto, enxofre e oxigénio da matéria-prima petroquímica. Os catalisadores à base de NiMo e CoMo sulfurados têm sido utilizados com êxito em processos de hidrodesoxigenação de bio-óleo. Além disso, o petróleo bruto de síntese da biomassa tem um teor de oxigénio mais elevado, que atinge quase 50 wt% (Furimsky, 2000). O composto de oxigénio no bio-óleo pode ter um mau desempenho do combustível, uma vez que polimeriza rapidamente e causa instabilidade no combustível. Assim, a quantidade de hidrogénio consumido e a gravidade deste processo dependem do teor e da quantidade do composto de oxigénio no bio-óleo. É também necessário um catalisador muito ativo. Para obter um combustível desejável a partir do bio-óleo, a hidrodesoxigenação é aplicada por fases. A fase inicial, denominada estabilização, é realizada a uma temperatura inferior a 573 °C, a fim de eliminar o composto relacionado com o oxigénio, que sofre facilmente polimerização. Os reagentes, por exemplo, fenóis, éteres e metoxifenóis, são convertidos em fenóis para serem removidos na segunda fase. Para os compostos com baixa reatividade de hidrogenodessulfurização, é necessária uma maior pressão e temperatura do hidrogénio para remover o oxigénio dos mesmos. A segunda fase ocorre a cerca de 623K (Furimsky, 2000). Durante este processo, há que ter cuidado para evitar a hidrogenação dos aromáticos, uma vez que isso pode aumentar o consumo de hidrogénio e, ao mesmo tempo, diminuir o índice de octano (Huber *et al*, 2006). A hidrodesoxigenação tem múltiplas vantagens, na medida em que outros processos, como a hidrogenodessulfurização e a hidrodenitrificação, também terão lugar e, por conseguinte, o combustível melhorado não terá um impacto negativo na atmosfera no que respeita às emissões de NOX e SOX (Girgis e Gates, 1991). Um estudo realizado por Elliott e Schiefelbein (1989) indica claramente que o teor energético do combustível aumenta significativamente quando este é hidrodesoxigenado. A investigação aumentou o valor de aquecimento do bio-óleo para 42,3-45,3 MJ/kg em comparação com os valores de aquecimento mais baixos do óleo de liquefação a alta pressão, com 35,7 MJ/kg, e do óleo de pirólise rápida, com 22,6 MJ/kg, como indicado no quadro 2.3.

A presença de diferentes átomos no bio-óleo, principalmente oxigénio, dificultou a sua integração direta no processamento da refinaria de petróleo e a sua utilização como combustível de transporte. De acordo com

Zacher *et al*, (2014), a eliminação do oxigénio através da hidrodesoxigenação catalítica utilizando hidrogénio pressurizado, seguida de hidrocraqueamento catalítico, provou ser a solução para esta insuficiência do bio-óleo. A severidade do processo dita as características finais do bio-óleo, de tal forma que, pressões mais elevadas de aproximadamente 135 bar e temperaturas de aproximadamente 400 °C dão origem a um bio-óleo quase completamente desoxidado, resultando em quase 99,5% de desoxigenação (Elliott *et al.*, 2012). Pelo contrário, a utilização de temperaturas e pressões mais elevadas gera custos de processamento mais elevados, pelo que é importante equilibrar os parâmetros do processo para obter custos óptimos (Jones *et al.*, 2009).

2.6.1 Efeitos da saturação durante a hidrodeoxigenação

O grau necessário de HDO constitui um aspeto muito importante na valorização dos bio-óleos. De acordo com Elliott (2007), o bio-óleo melhorado deve ter menos de 5% de teor de oxigénio para poder ser utilizado como combustível. Uma vez que o hidrotratamento resulta em água e saturação de ligações duplas, é muito importante analisar os efeitos significativos da saturação. Basicamente, a saturação tem dois efeitos negativos, ou seja, altera o índice de octano e o consumo de hidrogénio. Bulushev e Ross (2011) realizaram uma investigação e concluíram que a qualidade do bio-óleo melhorado fica comprometida quando os componentes aromáticos ficam saturados, o que resulta numa diminuição do índice de octanas. A hidrogenação do anel aromático resultou na diminuição do índice de octano do tolueno de 119 para 73. O segundo efeito prejudicial que torna o sistema menos rentável é o consumo de hidrogénio. Numa investigação realizada por Venderbosch *et al.* (2010), são necessários 16 g de H2/kg de bio-óleo para obter 50% de desoxigenação, o que é relativamente próximo do valor estequiométrico esperado. No entanto, para conseguir a remoção total do oxigénio, o consumo de hidrogénio aumentou para 50 g H2/kg de bio-óleo, o que faz com que o consumo de hidrogénio seja 56% superior ao valor estequiométrico. Um estudo semelhante realizado por Bridgwater (1996) sugeriu um consumo mais elevado de hidrogénio, 62 g H2/Kg de bio-óleo. Esta grande disparidade entre o consumo de hidrogénio e o valor estequiométrico indica que existem variações de reatividade dos compostos oxigenados presentes no bio-óleo. Isto implica que os compostos mais complexos, como os fenóis, têm maior probabilidade de sofrer saturação ou hidrogenação da molécula, o que resulta num maior consumo de hidrogénio do que a previsão estequiométrica num caso de desoxigenação de alto grau. Pelo contrário, compostos como a cetona, que são altamente reactivos, são susceptíveis de serem convertidos facilmente com um baixo consumo de hidrogénio (Gandarias e Arias, 2013).

Gandarias e Arias (2013) sugeriram, portanto, um HDO de alto grau que poderia minimizar a hidrogenação dos aromáticos, a fim de não interferir com a octanagem desse bio-óleo em particular. O processo sugerido tinha duas fases de melhoramento do bio-óleo. A primeira fase transformava os compostos altamente reactivos instáveis em compostos mais estáveis a uma temperatura baixa de cerca de 270 °C e a uma pressão média de cerca de 136 atm de hidrogénio sem a utilização de um catalisador. A segunda fase foi um HDO intenso que envolveu a utilização de uma temperatura muito elevada de cerca de 400 °C e uma pressão de 136 atm de hidrogénio na presença de um catalisador de hidrotratamento. Quando este hidrotratamento em duas fases foi comparado com a fase única, verificou-se que houve uma redução de 13% no consumo de hidrogénio para um rendimento equivalente do bio-óleo.

2.6.2 Reatividade dos compostos orgânicos do bio-óleo durante a HDO

Segundo Gandarias e Arias (2013), o processo HDO é constituído por processos reaccionais complexos que envolvem a hidrogenação, o hidrocracking, a hidrogenólise, a polimerização, o cracking, a descarboxilação e a descarbonilação. As reacções do bio-óleo durante o melhoramento são, por conseguinte, demasiado complexas devido ao facto de os diferentes compostos orgânicos presentes no bio-óleo terem uma composição variável em oxigénio. Elliott (2007) realizou uma pesquisa com diferentes compostos orgânicos no bio-óleo e relatou as suas temperaturas de reatividade. O estudo mostrou que o hidrogénio reduz as olefinas, os aldeídos e as cetonas a uma temperatura inferior de 150-200 °C. Durante o processo, as olefinas são formadas quando o hidrogénio reage com álcoois a 250-300 °C, enquanto os éteres carboxílicos e fenólicos reagem a 300 °C. Mortensen *et al.* (2011) fizeram uma investigação sobre as pressões de funcionamento e observaram que é necessária uma pressão elevada para garantir a disponibilidade constante de hidrogénio no catalisador, uma vez que o hidrogénio tem baixa solubilidade em soluções aquosas e orgânicas. A série de reatividade de Elliott é apresentada na Figura 2.10.

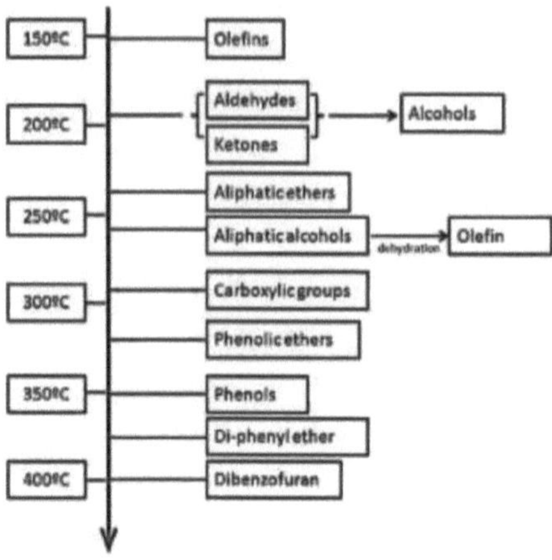

Figura 2.10: **Série de reatividade dos compostos orgânicos do bio-óleo durante a HDO** (Elliott, 2007)

2.5.2 Fonte de hidrogénio para a experiência HDO

O processo HDO consome uma grande quantidade de hidrogénio, especialmente à medida que a temperatura aumenta até ao ponto ótimo em que o teor de oxigénio não pode ser mais reduzido. Podem existir diferentes fontes de disponibilidade de hidrogénio, especialmente a produção industrial a partir de combustíveis fósseis no processo de reforma a vapor (Navarro *et al.*, 2007), mas devido ao facto de os combustíveis fósseis não serem amigos do ambiente, esta opção é excluída na maioria das tecnologias de produção de combustível verde. Neste sentido, é importante procurar as melhores alternativas ambientais que possam fornecer hidrogénio de forma económica durante a experiência HDO. Foram realizadas muitas investigações, especialmente sobre a hidrogenólise da biomassa, utilizando diferentes solventes doadores de hidrogénio, e os resultados foram muito louváveis. Inicialmente, utilizou-se o hidrogénio molecular (como agente redutor), mas este parece ter monopolizado a investigação sobre a hidrogenólise da biomassa, tal como referido por Vasilakos & Austgen (1985). Boomer *et al.* (1935) realizaram uma experiência semelhante, examinando a hidrogenação do algodão e da madeira utilizando um sistema à base de tetralina e obtiveram melhores resultados do que quando foi utilizado o hidrogénio mono molecular. Este facto foi também confirmado pelos primeiros trabalhos de Oshima (1965), que utilizou o ciclohexanol como dador de hidrogénio-solvente na experiência de hidrogenação por destruição da lenhina da madeira. No que diz respeito à experiência de hidrodesoxigenação, o solvente doador de hidrogénio deve apresentar a capacidade de doar hidrogénio aos fragmentos instáveis de bio-óleo (Vasilakos & Austgen, 1985).

Vários solventes que contêm ligações carbono-hidrogénio móveis podem funcionar como dadores de hidrogénio. Um exemplo de um dador de hidrogénio eficaz, de acordo com Vasilakos & Austgen (1985), é a tetralina. Esta desidrogeniza-se rapidamente em condições térmicas elevadas, como se pode ver na Figura 2.11. O hidrogénio doador pode então fornecer uma plataforma para reduzir o oxigénio disponível e dar água como produto.

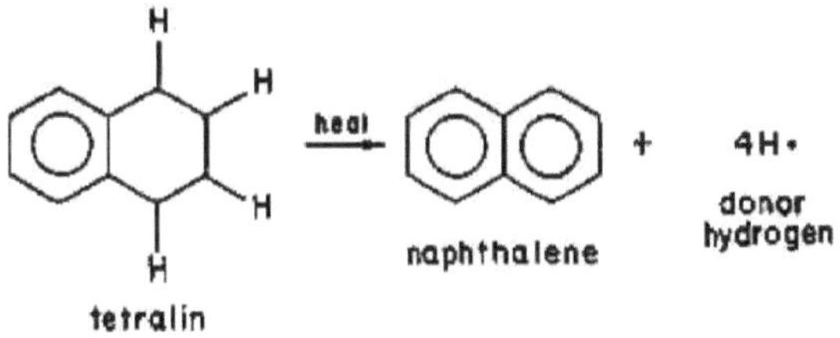

Figura 2.11: ***Desidrogenação da tetralina*** (Vasilakos & Austgen, 1985)

A principal vantagem dos solventes dadores de hidrogénio em comparação com o hidrogénio gasoso é que funcionam a baixas pressões e podem estabilizar eficazmente a decomposição térmica primária dos produtos.

Em trabalhos anteriores de Imai *et al.* (1974) e Nishiguchi *et al.* (1975), verificou-se que os álcoois e os ésteres eram excelentes dadores de hidrogénio para olefinas quando $RuH_2(PPh_3)_4$, $RhCl(PPh_3)_3$ ou $RhH(PPh_3)_4$ eram utilizados como catalisadores. Imai *et al.* (1976) investigaram as capacidades de doação de hidrogénio de vários compostos orgânicos e descobriram que: o ciclo-hexanol, o 2,5-di-hidrofurano e o álcool benzílico apresentavam as melhores capacidades de doação.

2.5.3 Extensão do consumo de hidrogénio durante o HDO

Normalmente, a severidade da HDO é expressa em termos de hidrogénio consumido durante a reação com o objetivo de reduzir o teor de oxigénio, sendo o rendimento determinado pela temperatura, como se viu, em função das separações de fases. Assim, com uma severidade elevada, consome-se muito hidrogénio e vice-versa. Verificou-se ainda que, a uma temperatura de cerca de 200 °C, o rendimento do bio-óleo diminuía cerca de 40%, simplesmente devido à transferência de uma parte do hidrogénio e do oxigénio para a fase aquosa durante a separação das fases. Uma maior severidade resultou numa ligeira diminuição do rendimento, provavelmente devido à reação de gaseificação e à ligeira transferência de componentes para a fase aquosa. A severidade do processo é ditada pelo oxigénio presente no bio-óleo (Bridgwater, 1996). Durante a separação de fases de 175 °C - 250 °C, notou-se uma queda significativa no teor de oxigénio devido à perda de água e ao movimento de componentes oxigenados que são altamente polares para a fase aquosa. Quando se utilizou uma temperatura de elevada severidade e se analisou o teor de oxigénio no bio-óleo resultante, a percentagem de oxigénio desceu de 40% do bio-óleo original para 15%. A este respeito, o consumo de hidrogénio variou entre 65 e 250 Nm^3 /t bio-óleo. A taxa de consumo de hidrogénio aumentou com a diminuição do teor de oxigénio, confirmando que, quanto maior for a severidade do processo, mais hidrogénio é consumido (Venderbosch *et al.*, 2010).

2.5.4 Comparação elementar entre a matéria-prima bio-óleo e o bio-óleo tratado com hidrogénio

Quando Elliott *et al.* (2009) actualizaram hidrotermicamente o bio-óleo de diferentes fontes a uma temperatura de 340 °C e a uma pressão de 2000 psig, observou-se que houve uma mudança significativa na composição elementar que melhorou o valor de aquecimento do bio-óleo combustível, como se pode ver nas Tabelas 2.7 e 2.8. Quando se procedeu à análise entre os produtos HDO e a matéria-prima, verificou-se claramente que o tratamento hidrotérmico do bio-óleo tem vários benefícios, como a dessulfuração, a desnitrificação, a desoxigenação, juntamente com o aumento do teor de hidrogénio e de carbono do bio-óleo, o que resulta numa melhoria do valor calorífico do bio-óleo. Estes benefícios confirmam ainda mais a natureza ecológica do bio-óleo como combustível de transporte (Zhang *et al.*, 2007).

Tabela 2.7: Composição elementar da matéria-prima do bio-óleo antes do hidrotratamento

Biomass	Carbon	Hydrogen	Oxygen	Nitrogen	Sulfur
Mixed wood	44.53 ± 2.7	7.24 ± 0.4	46.05 ± 1.5	0.16 ± 0.01	0.028
Mixed wood heavy phase	56.08	6.90	39.60	0.46	NA
Corn stover light phase	31.22	8.17	57.77	0.87	0.046
Corn stover heavy phase	52.74 ± 2.8	7.07 ± 0.6	37.33 ± 6	1.12 ± 0.2	0.16 ± 0.01
2nd corn stover	32.09	8.10	55.43	0.66	0.062
Oak	42.50	7.16	49.74	0.12	0.008
Poplar (hot-filtered)	46.35	7.00	41.61	0.05	0.15

Fonte: (Elliott *et al.*, 2009)

Tabela 2.8: Composição elementar da matéria-prima de bio-óleo tratado com hidrogénio

Bio-oil source	H/C (dry)	C	H	O	N	S	Moisture
Mixed wood	1.43	75.5	9.4	12.3	0.6	0.02	2.7
Corn stover light phase	1.28	76.2	8.5	15.5	2.4	NA	2.6
Corn stover heavy phase	1.40	76.2	9.4	12.7	2.0	0.06	3.5
2nd corn stover	1.53	77.1	10.2	11.9	2.3	NA	2.9
Oak	1.35	74.2	9.0	14.5	0.1	0.01	5.7
Poplar (hot-filtered)	1.33	73.1	8.6	17.9	0.2	0.16	3.5

340°C, 2000 psig, 0.25 LHSV.

2.5.5 Produtos da hidrodesoxigenação utilizando diferentes catalisadores

Os catalisadores de metais nobres demonstraram ser activos na hidrodesoxigenação e hidrogenação, tal como experimentado por Gagnon e Kaliaguine, (1988). De acordo com Gagnon e Kaliaguine, o Ru demonstrou ter uma elevada atividade na redução de oxigenados. Numa experiência realizada por Wildschut *et al.*, (2009a) a uma pressão de 100 bar e 250 °C, observou-se a formação de duas fases líquidas após a experiência, uma fase oleosa de densidade mais elevada e uma fase aquosa líquida amarelada. Também foram produzidos gás e carvão. Na experiência, o balanço de massa global dos produtos variou entre 77 e 96%, com Pt/C, Ru/C e Ru/TiO2 com um balanço de massa superior a 85%. A investigação registou perdas mais elevadas com os catalisadores suportados numa base de alumina devido ao aumento da viscosidade do óleo de pirólise melhorado obtido com o suporte de alumina. O balanço de massa dos produtos para HDO utilizando diferentes catalisadores é apresentado na Figura 2.12.

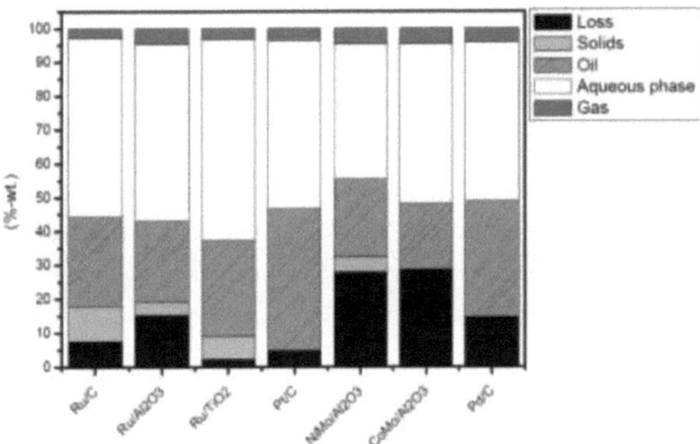

Figura 2.12: Balanço de massa para HDO utilizando diferentes catalisadores a 250 °C, 100bars H₂ , 4 horas (Wildschut *et al.*, 2009a)

Quando o rendimento em óleo foi analisado, o Pd/C apresentou um elevado rendimento em óleo com baixo teor de oxigénio, em comparação com o Pt/C, que apresentou um rendimento em óleo relativamente elevado (57% em peso) associado a um elevado teor de oxigénio (25% em peso). Quando Wildschut *et al.* (2009a) analisaram os componentes na fase gasosa, o espetro do produto gasoso era o mostrado na Figura 2.13. Observou-se que a quantidade total dos gases formados para Ru/Al3O2 era maior (6 wt%) do que a de Ru/C (3 wt%)

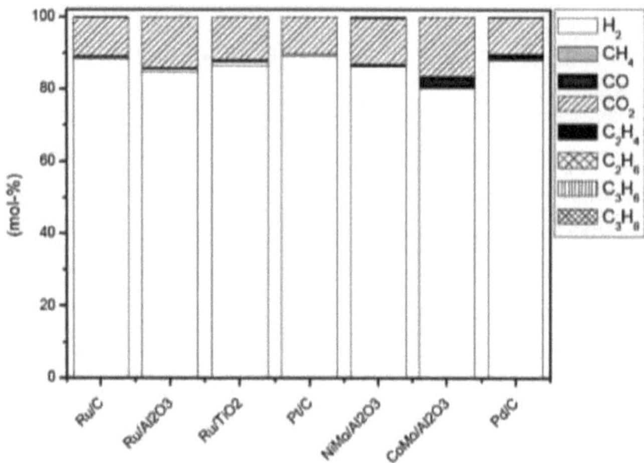

Figura 2.13: Composição da fase gasosa após HDO do óleo de pirólise a 250 °C, 100 bar H₂,
4 horas (Wildschut *et al.*, 2009a)

A partir dos resultados, o principal componente gasoso foi o hidrogénio, que não reagiu completamente, seguido pelo gás dióxido de carbono (10-15%). De acordo com Czernik e Diebold, (1999), o gás dióxido de carbono tem origem na descarboxilação dos ácidos orgânicos presentes no óleo de pirólise (1,9 - 10 wt%) e pequenas quantidades de CO são também formadas devido à descarbonilação. Os ácidos orgânicos incluem o ácido fórmico, o ácido acético, o ácido carboxílico, etc. Kubickova *et al.*, (2005) provaram ainda numa investigação que a descarboxilação dos ácidos orgânicos pelos catalisadores HDO é a fonte de dióxido de carbono. A formação significativa de metano revelou um elevado consumo de hidrogénio. De acordo com Masende *et al.* (2005), os catalisadores de metais nobres, como a Pt e a Pd, são conhecidos pela sua elevada atividade de descarboxilação de ácidos orgânicos e são sobretudo utilizados com suportes adequados.

Quando a mesma experiência foi efectuada a 350 °C, a produção de gás foi muito elevada em comparação com a temperatura mais baixa de 250 °C. A produção de dióxido de carbono, metano e outros alcanos superiores aumentou com o aumento da temperatura, talvez devido ao hidrocracking de hidrocarbonetos maiores que foram produzidos durante a reação.

Os catalisadores em suportes de alumina são conhecidos por produzirem uma elevada percentagem de carvão com cerca de 26% em peso, tal como referido por Elliott e Baker (1984). Numa experiência realizada sem um catalisador a 250 °C, a produção de dióxido de carbono foi de cerca de 22%, indicando que a formação de CO2 não é necessariamente através de hidrotratamento catalítico, mas através de reacções térmicas.

Durante a experiência HDO, a quantidade de água aumentou devido às reacções de desidratação e de hidrodesoxigenação, tal como referido por Elliott *et al.* (2006). Esta água é muito importante, uma vez que actua como um meio de reação durante o processo. A elevada quantidade de hidrogénio gasoso no final da experiência indica que o hidrogénio gasoso produzido pelo ácido fórmico utilizado como dador de hidrogénio foi suficiente para completar as reacções.

3.0 METODOLOGIA

Neste projeto, o bio-óleo é melhorado utilizando diferentes catalisadores à base de alumina (5 wt%; ruténio, ródio, níquel e platina) com ácido fórmico como dador de hidrogénio. São também efectuadas duas outras experiências com ácido fórmico e sem ácido fórmico. A fim de compreender bem o bioóleo, foi efectuado o seu processo de produção (pirólise) a partir de biomassa. Neste contexto, foram utilizadas pellets de madeira torrificada durante a pirólise para produzir bio-óleo. O bio-óleo produzido foi então caracterizado e posteriormente melhorado cataliticamente a diferentes temperaturas de 250 °C e 300 °C. Os produtos durante o processo de atualização (gases, bio-óleo e carvão) são investigados utilizando instrumentos analíticos adequados no laboratório e as propriedades do bio-óleo resultante são comparadas com as propriedades do bio-óleo inicial. A severidade de cada um dos processos é bem investigada a partir dos produtos de bio-óleo reformados e os efeitos da temperatura nos produtos são bem analisados.

3.1 Experiência de pirólise

Para compreender os processos de produção de bio-óleo, foi realizada uma experiência num reator de forno de parafuso com um caudal de azoto de 600 ml min^{-1} em 58 minutos. Foram utilizados 150 g de pellets de madeira torrificada. O azoto foi purgado para o sistema antes de a matéria-prima ser introduzida; isto destina-se a expulsar todo o ar originalmente presente, uma vez que esta experiência não necessita de oxigénio. Além disso, o azoto ajuda a deslocar qualquer gás formado durante a experiência para o saco de gás. O forno foi então aquecido a 600 °C antes de as pastilhas serem introduzidas no reator. As pastilhas foram introduzidas no forno a um ritmo constante e os produtos gasosos foram recolhidos num saco de gás. O bio-óleo produzido foi recolhido nos condensadores e os resíduos recolhidos num recipiente para amostras. A cromatografia em fase gasosa com detetor de condutividade térmica (GC/TCD-Varian CP-3380) foi então utilizada para analisar os gases permanentes presentes nos produtos gasosos, enquanto a cromatografia em fase gasosa com detetor de ionização de chama (Varian CP-3380- GC/FID) foi utilizada para analisar os gases presentes (C_1-C_4) e as diferenças de massa foram claramente registadas nos condensadores para obter a massa de bio-óleo produzido (as especificações do instrumento serão vistas mais adiante em 3.3.5). A massa do barco de amostra foi recolhida antes e depois da experiência para estabelecer a massa total do resíduo a partir da diferença de massa. A massa dos gases formados foi então calculada após a análise instrumental. A configuração do reator é a indicada nas Figuras 3.1 e 3.2

3. 1.0 Instalação experimental de pirólise

Figura 3.1: Vista pictórica do reator do forno de parafuso

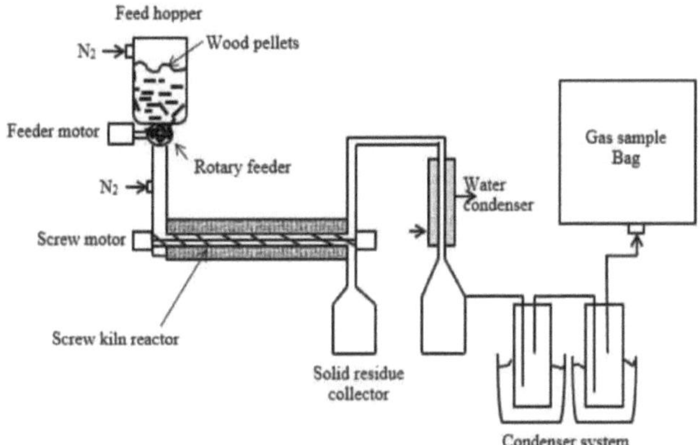

Figura 3.2: Esquema em corte transversal do reator do forno de parafuso

3. 1.1 Resumo dos resultados da pirólise

Os gases permanentes constituíram 87,82% do total de gases formados enquanto os hidrocarbonetos (c1- c4) constituíram 12,18% do total de gases. A Figura 3.3 mostra as fracções de formação dos produtos de pirólise. A partir dos produtos da experiência, verifica-se que, com a temperatura controlada de 600 °C, o bio-óleo tem maior capacidade de produção do que os gases e o resíduo sólido. Isto faz com que a pirólise seja o processo mais viável para a produção de produtos de bio-óleo de alta fração, um caso apoiado em uma pesquisa feita por Gandarias e Arias (2013), onde os resultados indicaram que; carbonização lenta, gaseificação e até mesmo torrefação lenta como processos alternativos não deram bio-óleo substancial em comparação com a pirólise. Na produção de bio-óleo neste trabalho, a massa total dos produtos foi menor do que a massa da matéria-prima de pellets de madeira simplesmente devido às perdas de massa dentro do sistema do aparelho. A recuperação de massa foi de 89,90% com uma perda de massa de 10,10%.

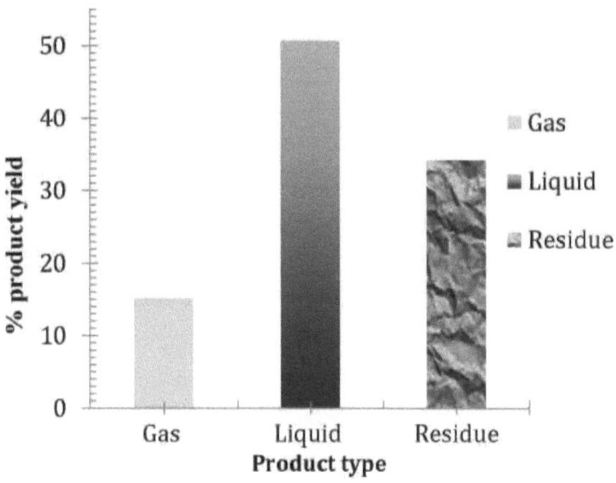

Figura 3.3: Rendimento dos produtos da pirólise de pellets de madeira no reator de forno de parafuso

3.2 Caracterização do bio-óleo

Devido à grande quantidade de bio-óleo necessária para este projeto, uma amostra comercial de bio-óleo de um lote único de pirólise rápida foi obtida da Catal (UK) limited (Onwudili e Williams, 2016). O bio-óleo foi então caracterizado antes e depois dos testes de melhoramento. A sua composição elementar e composição química foram analisadas criticamente (técnicas analíticas descritas mais adiante neste trabalho). Foram também analisadas qualidades como o teor de humidade, o poder calorífico, a densidade, o pH e a viscosidade. Alguns dos instrumentos utilizados neste trabalho são: a titulação Karl Fischer, que é utilizada para determinar o teor de água (ver ponto 3.3.6), o analisador elementar CHNS, utilizado para determinar a composição elementar (ver ponto 3.3.8) do óleo. Serão incorporados mais instrumentos quando o bio-óleo bruto for tratado para determinar a composição química complexa do óleo, como se descreve no ponto 3.3.7. O quadro 3.1 mostra as qualidades do óleo obtido a partir da pirólise de aglomerados de madeira.

Tabela 3.1: Características do bio-óleo de pirólise de aglomerados de madeira antes do melhoramento

Parameters	Value
Elemental analysis	
Carbon (wt %)	41.0
Hydrogen (wt %)	6.10
Sulphur (wt %)	<0.01
Nitrogen (wt %)	<0.01
Oxygen* (wt %)	52.9
Other qualities	
Moisture content (wt %)	3.20
Calorific Value (MJ/kg)	20.0
Density (g/cm^3)	1.22
Kinematic Viscosity at 20 °C (mm^2/s)	131
Dynamic Viscosity at 20 °C (mPa.s)	159
pH	3.10
Solubility in dichloromethane (%) at 20 °C (%w/v)	59.5

O bio-óleo foi obtido por condensação faseada seguida de centrifugação para reduzir o seu teor de humidade para 3,2 wt%. Este projeto está muito preocupado com a melhoria das propriedades do bio-óleo bruto, assegurando que a percentagem de oxigénio em peso é minimizada enquanto a percentagem de hidrogénio e carbono em peso é aumentada. Isto ajudará a reduzir os compostos oxigenados presentes no bio-óleo e, consequentemente, a sua qualidade global será melhorada.

3.3 Melhoramento hidrotérmico catalítico do óleo de pirólise

3.3.1 Experimentais

A experiência foi realizada num reator descontínuo pressurizado inoxidável fabricado pela Parr Instruments Company, EUA. O reator tinha uma capacidade de volume de 100 ml. A temperatura operacional máxima projectada do reator é de 350 °C, enquanto a pressão operacional máxima projectada é de 150 bar (2250 psi). O reator foi alimentado com um aquecedor de cerâmica de 1,4 kW obtido da Elmatic Limited, Cardiff, Reino Unido. As Figuras 3.4 e 3.5 representam os componentes da instalação experimental do reator descontínuo e os parâmetros de processo utilizados, respetivamente. Por razões de segurança, devido a qualquer excesso de pressão que se possa desenvolver, o reator está equipado com um disco de rutura para libertar qualquer excesso de pressão. O reator tem dois termopares J instalados numa bainha de aço inoxidável. Um termopar é utilizado para monitorizar e controlar a temperatura do aquecedor, enquanto o outro termopar monitoriza e controla a temperatura interna dos reagentes.

3.3.2 Materiais e variáveis do processo

- Bio-óleo produzido a partir da pirólise de pellets de madeira na Universidade de Leeds,

- Catalisadores de alumina, 5 wt% de: platina, ródio, ruténio, níquel, todos obtidos da empresa Sigma-Aldrich,

- Ácido fórmico como dador de hidrogénio.

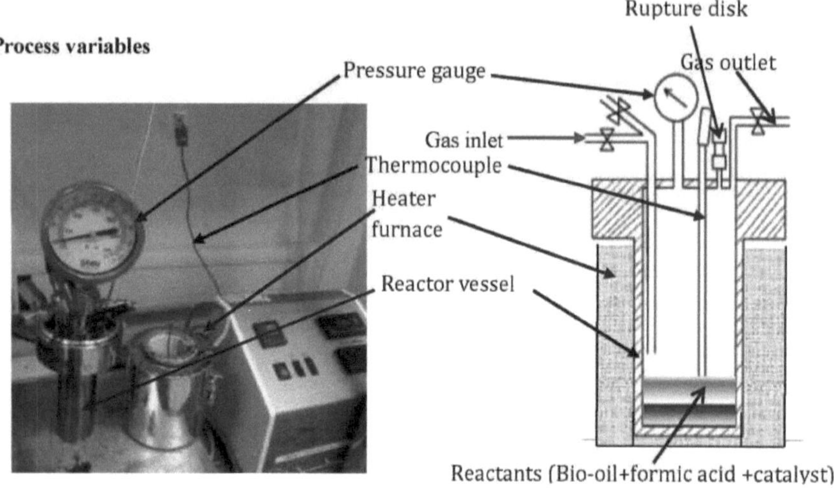

Figura 3.4: **Componentes do reator descontínuo**

3.3.3 Procedimento experimental

3 g de bio-óleo bruto foram carregados no reator de tipo descontínuo, seguidos de 2 g de ácido fórmico, que actuou como dador de hidrogénio, e 1 g do catalisador (os catalisadores foram pulverizados e peneirados até atingirem um tamanho de partícula inferior a 125 pm, uma vez que eram granulados grandes (granulados de 1 mm), para aumentar a sua área de superfície). Outros dois carregamentos foram efectuados com 3 g de bio-óleo mas com ácido fórmico (FA) e sem ácido fórmico (BOR). O peso do reator carregado em cada caso foi anotado. O reator foi então montado no aquecedor pronto para o processo de reforma e purgado com gás nitrogénio durante cerca de 5 minutos para remover qualquer vestígio de oxigénio no reator e as válvulas foram cuidadosamente fechadas.

Figura 3.5: **Rácio dos parâmetros dos materiais do processo**

O aquecedor foi então ligado e o reator aquecido a uma taxa de 16 °C min^{-1} . O processo de reforma foi então efectuado a temperaturas de 250 °C e 300 °C durante 60 minutos para todos os componentes. Após a reforma, o reator foi retirado do aquecedor e arrefecido com uma ventoinha durante cerca de 60 minutos. A temperatura e a pressão ideais finais foram então registadas antes da amostragem do gás e da extração do bio-óleo para ajudar a calcular a massa dos gases produzidos utilizando a equação do gás ideal e a lei de Henry.

3.3.4 Amostragem dos produtos

Em seguida, foram colhidas amostras do gás produzido com uma seringa para análise dos hidrocarbonetos e dos gases permanentes eventualmente produzidos. A cuba do reator foi então desmontada da cabeça e a extração do óleo foi feita depois de se tomar o peso final resultante da cuba do reator e da cabeça. A massa do gás produzido foi então calculada a partir da diferença de massa. Esta diferença de massa foi comparada com a massa do gás obtida através da análise do gás.

A extração do bio-óleo foi então efectuada separando cuidadosamente todo o carvão formado e o catalisador por lavagem com uma alíquota de diclorometano (DCM) como solvente. Todos os conteúdos foram cuidadosamente misturados e filtrados com papel de filtro Whatman pesado para obter separadamente os sólidos (carvão + catalisador) e a mistura de bio-óleo e solvente. Os sólidos (carvão + catalisador) foram então deixados a secar e o seu peso foi registado. A solução de DCM e bio-óleo foi então armazenada no frigorífico para análises posteriores.

3.3.5 Análise dos gases

Os gases produzidos foram recolhidos através da saída de gás situada na cabeça do reator, abrindo cuidadosamente a válvula para permitir a entrada do gás pressurizado na seringa. Com a abertura e o fecho cautelosos da válvula de saída de gás, a primeira amostra do gás recolhido na seringa é completamente expelida na seringa para garantir a ausência de gás estranho na seringa. Para analisar o azoto, o hidrogénio, o monóxido de carbono e o oxigénio, foram injectados 0,2 ml da amostra de gás num cromatógrafo de fase gasosa (GC/TCD-Varian CP-3380) com árgon como gás de arrastamento, com duas colunas de aço inoxidável e dois detectores de condutividade térmica. A coluna tinha um enchimento de peneira molecular de malha 60-80 e tem 2 m de comprimento e um diâmetro de 2 mm. Utilizou-se uma coluna de tamanho semelhante para a análise do dióxido de carbono, mas com um material de enchimento diferente de Haysep 80-100 mesh, mas com uma injeção de amostra de 1,0 ml. Para os gases permanentes, a temperatura da estufa foi mantida constantemente a 30 °C, enquanto a temperatura do filamento foi mantida a 160 °C e a temperatura do injetor a 120 °C. No caso dos hidrocarbonetos C_1 a c_4, 0,2 ml da amostra de gás foram injectados no cromatógrafo de gás e analisados utilizando um cromatógrafo diferente com detetor de ionização de chama (Varian CP-3380-GC/FID). Neste caso, utilizou-se azoto como gás de arrastamento, com uma coluna de aço inoxidável de 2 m de comprimento e 2 mm de diâmetro, com enchimento Hysep de 80-100 mesh. O programa de temperatura do cromatógrafo de fase gasosa foi tal que o injetor e o detetor foram mantidos a 150 °C e 200 °C, respetivamente, com um início de 60 °C durante 3 min, 60100 °C a 10 °C/min, mantendo-se depois a 100 °C durante 3 min, 100-120 °C a 20 °C min^{-1} e, finalmente, mantendo-se a 120 °C durante 9 min. Onwudili e Williams (2008) efectuaram uma análise de gases semelhante.

3.3.6 Análise do teor de água do bio-óleo

A titulação Karl Fischer foi utilizada para determinar o teor de água no bio-óleo. Foram adicionados cerca de 5 g de metanol a uma determinada quantidade de amostra líquida para a tornar homogénea. Depois de se ajustar o instrumento Karl Fischer, cerca de 0,8 ml de cada bio-óleo reformado foi injetado separadamente na célula de titulação do instrumento para determinar a quantidade percentual de água presente em cada bio-óleo reformado. A percentagem de água em cada amostra foi então identificada após o ensaio.

3.3.7 Análise de produtos líquidos

Antes da análise das amostras de bio-óleo, a água foi separada de todas as amostras de óleo reformado, passando o óleo por um leito de sulfato de sódio anidro. A análise do óleo foi efectuada utilizando um cromatógrafo de gás líquido acoplado a um detetor de ionização de chama (Varian 430 GC FID). O instrumento tinha uma porta de injeção split/splitless. A coluna capilar ZB-1, na qual foi efectuada

a análise, tinha uma espessura de fase sólida de 0,5 mm e um comprimento de 30 m x 0,53 mm i.d.
O gás de transporte era hidrogénio, com um caudal constante de 1,0 mL por minuto. O volume de
injeção da amostra de óleo foi de 2,0 |iL. O programa de temperatura da coluna era tal que a taxa de
aquecimento era de 5 °C min-1 de 40 °C a 310 °C. A calibração do sistema foi efectuada utilizando
padrões de hidrocarbonetos aromáticos e policíclicos aromáticos. É de notar que foi utilizado
diclorometano na extração das amostras de óleo, pelo que todas as amostras de óleo analisadas foram
diluídas com o solvente (grau de reagente analítico)

3.3.8 Análise elementar

Os elementos existentes no bio-óleo bruto, no bio-óleo reformado e nos resíduos sólidos foram
determinados no que diz respeito aos teores de carbono, hidrogénio, azoto e enxofre utilizando o
analisador CHNS. O analisador compacto Carlo Erba Flash EA 1112 utilizado determina
automaticamente os CHNS presentes nas amostras. Em função da gama de trabalho linear
correspondente do instrumento, foram utilizadas amostras entre 3,0 mg e 4,5 mg.

3.3.9 Análise do carvão

O rendimento do carvão foi obtido por incineração de 0,5 g do resíduo sólido num forno a 750 °C
durante 3 horas. A quantidade de carvão foi então calculada por diferença de peso.

CAPÍTULO 4

4.0 RESULTADOS E DISCUSSÃO

4.1 Produtos da reforma do bio-óleo e efeitos da temperatura

A apresentação dos resultados deste trabalho engloba os seguintes códigos bem definidos:

- BOR - reformação do bio-óleo sem a utilização do catalisador e do ácido fórmico.
- FA - reforma de bio-óleo utilizando apenas ácido fórmico.
- Rh, Pt, Ni e Ru - reformando o bio-óleo através da utilização de um catalisador específico e de ácido fórmico.

O processo de remoção do oxigénio do bio-óleo requer uma grande quantidade de hidrogénio, o que pode ser muito dispendioso. Isto deve-se basicamente ao facto de a maioria das tecnologias de produção de hidrogénio necessitar de muita energia e não ser renovável. Esta situação levou a que esta investigação procurasse formas alternativas de fornecer uma fonte renovável de hidrogénio. Neste projeto, foi utilizado um dador de hidrogénio. Utilizou-se o ácido fórmico, que pode ser obtido a partir de biomassa e que tem qualidades promissoras para produzir hidrogénio quando fornecido com calor (Gandarias & Arias, 2013). Foram escolhidos quatro catalisadores metálicos (5 wt%; Ru, Rh, Pt e Ni) com suportes de alumina para investigação. As experiências também foram efectuadas com configurações apenas com bio-óleo (BOR) e bio-óleo e ácido fórmico (FA). Os catalisadores escolhidos são conhecidos por serem activos nos processos de hidrodeoxigenação (Sheu *et al.*, 1988). O Ru, por exemplo, é bem conhecido pela redução de oxigenados numa variedade de compostos complexos (Gagnon e Kaliaguine, 1988). As temperaturas sob as quais as experiências foram conduzidas foram moderadas, de modo a manter a formação de sólidos tão baixa quanto possível e evitar a decomposição de alcenos em alcanos superiores (Elliot e Neuenschwander, 1997) e também para evitar a polimerização de compostos oxigenados (Elliot *et al.*, 1998). Por conseguinte, as temperaturas elevadas contribuem para uma maior formação de gás e de carvão com deposição de carbono, o que é suscetível de desativar os catalisadores. Esta é, de facto, a razão pela qual se evitam temperaturas muito elevadas a fim de produzir bio-óleo com melhores qualidades. Dado que foi escolhido o suporte de alumina, era prudente uma temperatura mais baixa, uma vez que a investigação realizada por Ravenelle (2011) mostrou que o Al3O3 pode ser facilmente convertido em boehmite hidratada quando entra em contacto com água quente a uma temperatura superior a 350 °C. Os rendimentos dos produtos, água, gás, carvão e óleo foram determinados experimentalmente e são mostrados nas Figuras 4.1 e 4.2. Diferentes temperaturas produziram quantidades variáveis de carvão, bio-óleo, água e gás. A partir das Figuras 4.1 e 4.2, pode ver-se que a temperatura afecta grandemente os rendimentos dos produtos do processo e, por conseguinte, a necessidade de ter uma temperatura

44

óptima para uma melhor reforma. É de notar que não se registou uma tendência significativa da pressão dos produtos.

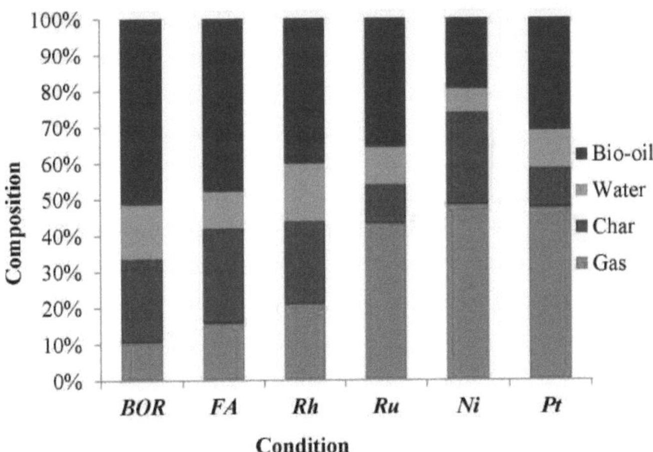

Figura 4.1: Espectro de produtos do tratamento hidrotérmico catalítico a 250 °C, 1 h

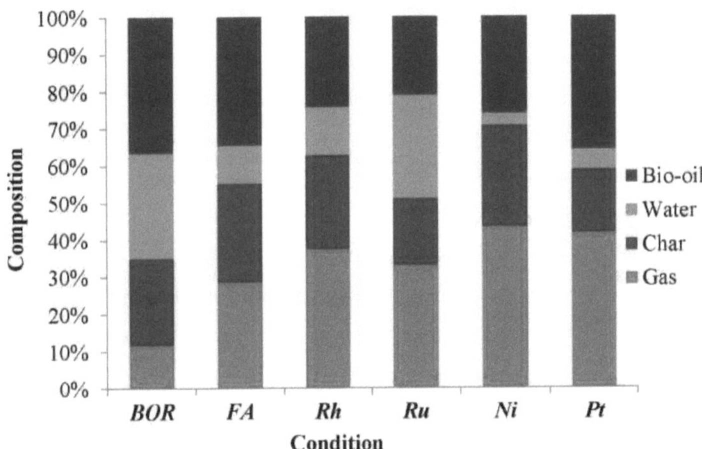

Figura 4.2: Espectro de produtos do tratamento hidrotérmico catalítico a 300 °C, 1 h

Verificou-se uma quantidade elevada de carvão com a aplicação de uma temperatura elevada (300 °C), enquanto se observou uma quantidade reduzida de carvão com uma temperatura mais baixa (250 °C), tendo Wildschut (2009b) efectuado observações semelhantes. Quando se utilizou apenas bio-óleo, uma temperatura mais elevada deu origem a um menor rendimento de bio-óleo, mas com elevada formação de carvão, água e gás. O produto desejável aqui é o bio-óleo com qualidades desejáveis. A formação de carvão deve, portanto, ser evitada tanto quanto possível para garantir uma boa redução de oxigenados e um melhor rendimento de bio-óleo. Com o tamanho do vaso do reator (100 ml), as perdas foram mínimas em todos os casos <4% e, portanto, o balanço de massa do produto foi louvável. As perdas de produto podem ter ocorrido devido à aderência dos produtos líquidos e sólidos às paredes do recipiente, mas foi tomado o máximo cuidado durante a extração em todos os casos.

A produção de gás também variou com a temperatura. A tendência da produção de gás com a temperatura é imprevisível, mas o BOR, o FA e o ródio apresentam uma maior produção de gás quando a temperatura aumenta de 250 °C para 300 °C. Conclui-se, portanto, que as reacções resultaram em componentes da fase gasosa e sólidos cujas quantidades foram todas ditadas pela temperatura aplicada. Uma observação semelhante foi feita por Wildschut e Heeres, (2008) na sua investigação quando um incremento de temperatura aumentou a quantidade de gases e a formação de sólidos até 15 wt% e 26 wt% respetivamente de 6 wt% e 10 wt % respetivamente. Várias reacções são responsáveis pela formação da fase gasosa. O ácido fórmico, que se decompõe quando aquecido na presença de água para dar gases de dióxido de carbono e hidrogénio, contribui para a formação da fase gasosa. Duan e Savage (2011) mostraram que, na ausência de água, o ácido fórmico se decompõe em água e monóxido de carbono, mas, na presença de água, decompõe-se em hidrogénio e dióxido de carbono. A água produzida pela desidratação do bio-óleo deve estar disponível para a reforma do ácido fórmico em hidrogénio. A descarboxilação dos ácidos orgânicos presentes no bio-óleo é também um dos factores que contribuem para a produção de CO_2 em todos os cenários (Masende *et al.*, 2005). A descarboxilação ajuda a reduzir o teor de oxigénio nos oxigenados. Os ácidos orgânicos constituem entre 1,9 e 10 wt% dos bio-óleos (Czernik & Diebold, 1999). As reacções de descarbonilação provavelmente também produziram alguma percentagem de CO (Laurent & Delmon, 1994) nesta investigação, tendo o Rh uma percentagem mais elevada em todas as condições de temperatura. Observa-se que a quantidade de gases de dióxido de carbono produzidos a 300 °C foi consideravelmente maior do que a quantidade produzida a 250 °C (Figuras 4.1 e 4.2). Este facto confirma que, a temperaturas mais elevadas, a produção de gás aumenta, uma observação semelhante feita por Wildschut *et al.* (2009a). O aumento da formação de CO_2 à medida que a temperatura aumenta confirma que as reacções de formação de CO_2 ainda não estavam completas a 250 °C. A 250 °C, o Ru apresentou uma reação de metanação mais baixa do que a 300^0 C, indicando que uma temperatura mais baixa não facilita a metanação (Figuras 4.3 e 4.4), o que também foi observado por Brooks *et al.* (2007). Além disso, formou-se uma menor quantidade de metano a uma temperatura mais baixa (250 °C) em comparação com a formação de uma quantidade consideravelmente elevada de metano e de alcanos superiores, como o propano e o etano, quando a temperatura foi aumentada para 300 °C.

A formação de CO_2 e CO confirma que houve muita carboxilação dos oxigenados presentes, associada à carbonilação. Além disso, uma vez que o CO_2 é a maior quantidade de gás formado do que o metano e o monóxido de carbono em todas as experiências, é evidente que a gaseificação catalítica hidrotérmica pode ter dominado em ambas as condições de temperatura (Elliot, 2008). Entre todos os catalisadores utilizados, a Pt apresentou a maior capacidade de descarboxilação de ácidos orgânicos na aplicação de todas as condições de temperatura (Figuras 4.3 e 4.4), facto comprovado pelos investigadores Eilos *et al.* (2009) e *Masende et al.* (2005) num trabalho semelhante utilizando tais catalisadores. A reação térmica ocupou um lugar central na instalação apenas com bio-óleo que registou uma elevada quantidade de dióxido de carbono (~82% a 300 °C e ~77% a 250 °C) quando a fase gasosa foi analisada (Figuras 4.3 e 4.4).

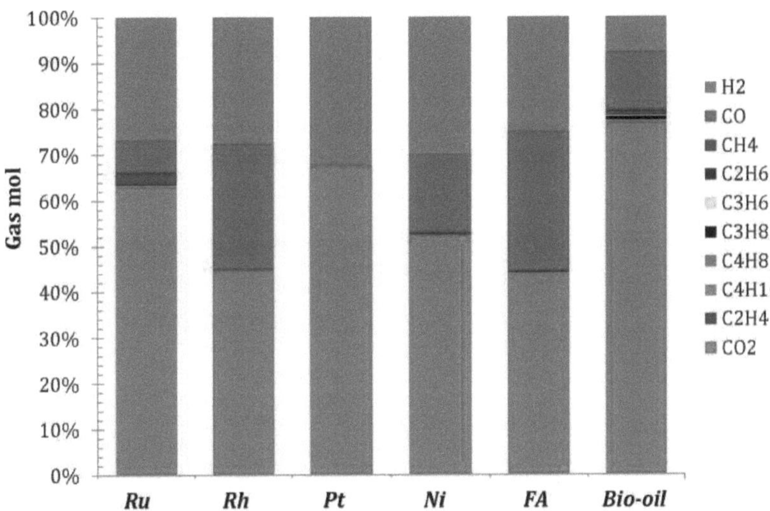

Figura 4.3: Espectro da composição da fase gasosa do tratamento hidrotérmico catalítico do bio-óleo a 250º C, 1 h

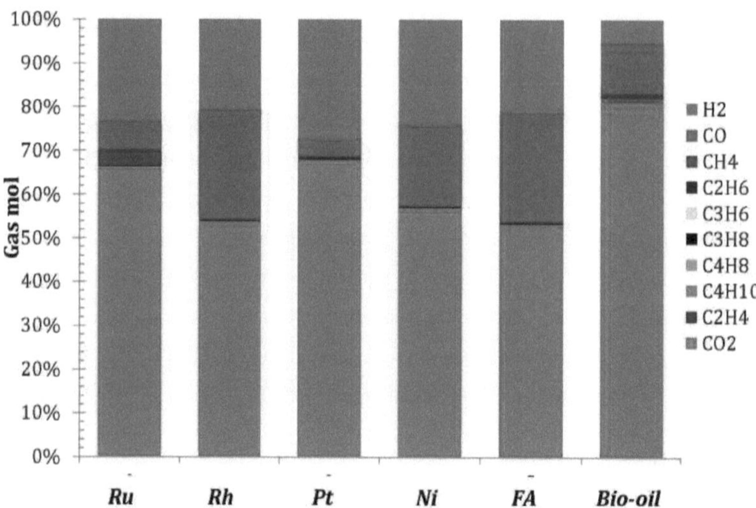

Figura 4.4: Espectro da composição da fase gasosa do tratamento hidrotérmico catalítico do bio-óleo a 300° C, 1 h

Os efeitos da temperatura na produção dos gases permanentes e dos hidrocarbonetos (C1- C4) também foram analisados e a composição em % em peso apresentada na Tabela 4.1.

Tabela 4.1: Composição da fase gasosa (%) dos gases permanentes em comparação com os hidrocarbonetos

Condition	250 °C				300 °C			
	H_2	CO	CO_2	C_1-C_4	H_2	CO	CO_2	C_1-C_4
Bio-oil	7.47	12.81	76.89	2.83	5.01	11.912	81.54	1.54
FA	24.74	30.64	44.29	0.33	21.09	25.00	53.31	0.60
Ru	26.69	7.13	63.17	3.02	23.23	6.631	66.08	4.06
Rh	27.41	27.52	44.72	0.35	20.62	25.010	53.98	0.31
Ni	29.86	17.12	52.43	0.58	23.68	18.93	57.15	0.24
Pt	32.12	0.00	67.40	0.48	27.02	4.29	68.09	0.60

A partir dos resultados da Tabela 4.1, nota-se que a produção de dióxido de carbono a 300 °C foi maior do que a 250 °C, simplesmente para simbolizar que a reação de descarboxilação ainda estava a ocorrer e, na maioria das ocasiões, a produção de CO reduziu-se com o aumento da temperatura, exceto quando foram utilizados catalisadores de níquel e platina. A produção do grupo C1-C4 aumentou com o aumento da temperatura quando foram utilizados Ru e Pt, enquanto a produção de

C1-C4 diminuiu quando foram utilizados Ni e Rh. Uma baixa perda de carbono no C1-C4 é desejável para manter um bom equilíbrio de carbono, conforme indicado por Duan e Savage (2011).

Na configuração em que apenas foi incorporado bio-óleo, foi produzida uma pequena porção de hidrogénio a uma temperatura de 250 °C e 300 °C. Isto pode ter acontecido devido a uma reação de transferência de gás de água, em que o CO pode ter reduzido o vapor de água no interior da reação a H_2 e co_2, o que explica a formação de mais CO_2. A principal reação que teve lugar em todos os reactores em que foi utilizado ácido fórmico é a reação de hidrodesoxigenação (equação 4.1), em que os compostos complexos oxigenados perdem oxigénio, informando o radical hidroxilo numa reação para formar água (Mortensen *et al.*, 2011). É basicamente daí que provém a água produzida no processo.

Outro componente gasoso do espetro é o gás hidrogénio, que resulta do excesso de hidrogénio que não reagiu totalmente após a decomposição do ácido fórmico. Nesta investigação, a taxa de consumo de hidrogénio a uma temperatura mais baixa de 250 °C foi inferior entre 55% e 65% em comparação com o aumento da temperatura para 300 °C, que aumentou a taxa de consumo entre 62% e 75%. Bridgwater (1996) observa que, durante o processo de alta severidade, é consumida uma grande quantidade de hidrogénio. Isto resulta num menor rendimento do óleo, uma vez que a maior parte do oxigénio no bio-óleo é utilizada na formação de água. A investigação de Venderbosch *et al.* (2010) indicou que o teor de oxigénio diminui com o aumento do consumo de hidrogénio. Apesar da capacidade da temperatura elevada para reduzir os compostos oxigenados, é necessário ter cuidado, uma vez que a temperatura elevada produz muito carvão, mais produtos gasosos e resulta em fissuração (Elliot e Neuenschwander, 1997). Gandarias e Arias (2013) sugerem, portanto, que a temperatura utilizada deve ser tal que possa minimizar a hidrogenação dos aromáticos, de modo a não interferir com a octanagem de um determinado óleo.

$$\textbf{Hydrodeoxygenation} \quad R\text{—}OH \;+\; \overset{H}{\underset{H}{|}} \;\longrightarrow\; R\text{—}H \;+\; H_2O \qquad \text{Equation}\ldots\ldots\ldots 4.1$$

A baixa temperatura de 250 °C, a quantidade de hidrogénio gasoso analisada no recipiente no final da experiência foi muito elevada em comparação com 300 °C, simplesmente porque a reação de hidrodesoxigenação e hidrogenação ainda estava a decorrer, como indicado nas equações 4.1 e 4.2.

$$\textbf{Hydrogenation} \quad \overset{R1 \quad\; R2}{\underset{=}{\smile}} \;+\; \overset{H}{\underset{H}{\|}} \;\longrightarrow\; {}_{R1}\!\!\bigwedge^{R2} \;+\; H_2O \qquad \text{Equation}\ldots\ldots\ldots 4.2$$

Quando a reforma foi efectuada a uma temperatura de 250 °C, a configuração com apenas bio-óleo teve a recuperação de bio-óleo mais elevada (~86%), com o catalisador de níquel a apresentar a recuperação mais baixa (~32%), como se mostra nas Figuras 4.5. A recuperação de bio-óleo foi mais elevada na reforma de bio-óleo sem utilização de catalisador ou ácido fórmico quando foram utilizadas temperaturas altas e baixas (Figuras 4.5 e 4.6). Isto deve-se ao facto de não existir um agente redutor de oxigénio para facilitar as reacções de hidrodeoxigenação. Em ambos os casos de temperaturas, o volume de gás produzido foi muito baixo. A gaseificação térmica pode ter sido a fonte dos gases produzidos (Laurent & Delmon, 1993). Isto implica, portanto, que a recuperação do rendimento do óleo pode ser mais elevada, mas com uma elevada quantidade de oxigenados no bio-óleo (Wildschut *et al.*, 2009a). A qualidade do óleo recuperado foi, portanto, analisada para investigar o grau de redução dos compostos oxigenados. Para o efeito, utilizou-se um FID Varian 430 GC para analisar a composição dos compostos químicos presentes no bio-óleo reformado e um analisador elementar CHNS para analisar a composição elementar do bio-óleo tratado. Quando o hidrotratamento foi efectuado a 250 °C e a 300 °C, observou-se a produção de água em todas as condições, o que é desejável, uma vez que mostra que o hidrogénio pressurizado contribuiu para a redução dos compostos oxigenados presentes no bio-óleo para dar água (equação 4.1), que também actua como meio de reação durante o processo (Mortensen *et al.*, 2011).

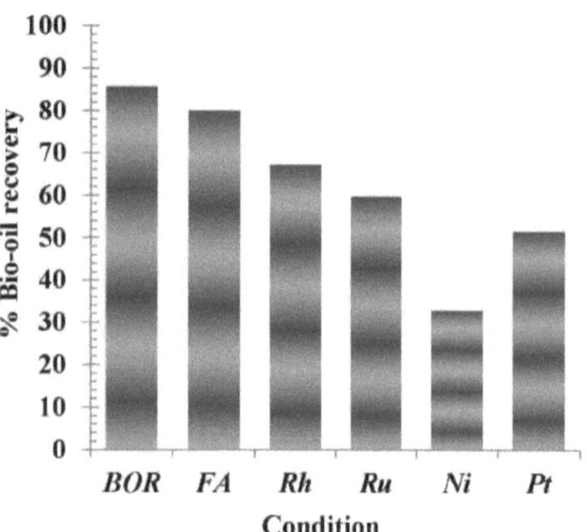

Figura 4.5: Recuperação de bio-óleo por tratamento hidrotérmico catalítico a 250 °C, 1 h

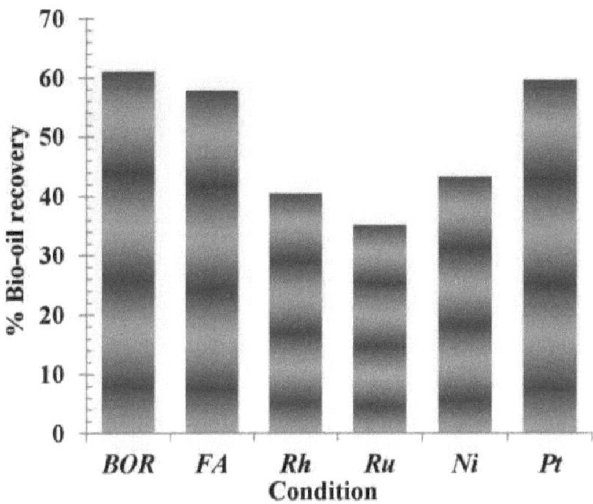

Figura 4.6: Recuperação de bio-óleo de tratamento hidrotérmico catalítico a 300 °C, 1 h

A recuperação de bio-óleo é calculada como

$$Bio\text{-}oil\ recovery,\ \% = \left(\frac{Recovered\ oil\ x\ 100}{Bio-oil\ feed} \right)$$

4.3 Análise elementar do bio-óleo reformado

O bio-óleo reformado foi analisado utilizando o analisador CHNS para estabelecer a severidade do processo de melhoramento utilizando diferentes catalisadores a 250 °C. O quadro 4.2 indica claramente que todas as condições utilizadas alteraram a composição elementar do bio-óleo. Em comparação com a composição elementar do bio-óleo bruto, o ruténio revelou-se o melhor na redução do teor de oxigénio no bio-óleo. O ruténio reduziu o teor original de oxigénio em peso em 42,12%, dando um teor final de oxigénio de 28,50% em peso. Em todas as condições, verificou-se um aumento da quantidade de carbono e de hidrogénio em peso%. Esta é uma indicação clara da melhoria da qualidade do bio-óleo, uma vez que esta tendência de redução também foi registada numa investigação realizada por Elliott *et al.* (2009). A complexidade do bio-óleo, como resultado dos compostos químicos que contêm oxigenados, foi reduzida em alguma percentagem em todas as condições, como se pode ver na quantidade resultante de oxigénio em wt% na Tabela 4.2 (a análise do óleo será vista mais tarde). O teor de carbono e hidrogénio do bio-óleo tratado nesta experiência é superior ao do bio-óleo bruto, enquanto o oxigénio é inferior, com zero vestígios de enxofre. Uma observação semelhante foi feita por Duan e Savage (2011).

Tabela 4.2: Análise elementar de 3 g de bio-óleo a 250 °C em comparação com o bio-óleo bruto durante 60 min

Condition		Nitrogen (wt %)	Carbon (wt %)	Hydrogen (wt %)	Oxygen (wt %)
Raw bio-oil		<0.01	41.00	6.10	52.90
Reformed bio-oil	*FA*	0.12	61.40	7.39	31.09
	Rh	0.08	48.43	6.71	44.78
	Ru	0.13	64.66	6.71	28.50
	Ni	0.11	62.63	6.93	30.33
	Pt	0.12	62.74	6.74	30.40

4.3 Análise elementar do resíduo sólido a diferentes temperaturas

Os produtos dos resíduos sólidos obtidos a diferentes temperaturas (250 °C e 300 °C) foram analisados como se mostra na tabela 4.3. A partir da tabela, é evidente que quanto mais elevada for a temperatura, maior será a quantidade de carbono formada no carvão. Como foi indicado anteriormente, uma temperatura mais elevada também contribui para a formação de uma quantidade elevada de carvão, o que resulta num valor mais baixo de carbono no bio-óleo reformado. É de notar que a reforma com ruténio e platina perdeu pouca quantidade de carbono para o resíduo sólido e, por conseguinte, a razão para o elevado teor de carbono no bio-óleo melhorado (quadros 4.2 e 4.3). A uma temperatura mais elevada, Duan e Savage (2011), numa experiência de tratamento catalítico de bio-óleo, observaram que havia uma baixa quantidade de hidrogénio no bio-óleo tratado em comparação com uma experiência realizada a uma temperatura mais baixa, o que é confirmado pelo aumento da quantidade de hidrogénio no resíduo sólido à medida que a temperatura foi aumentada de 250 °C para 300 °C (Tabela 4.3). O aumento da quantidade de hidrogénio e de carbono no resíduo sólido priva o bio-óleo tratado do teor de hidrogénio e de carbono que merece para formar um combustível melhor.

Tabela 4.3: Análise elementar do resíduo sólido após a reforma de 3 g de bio-óleo durante 60 minutos

Condition	Nitrogen (wt %)	Carbon (wt %)	Hydrogen (wt %)	Oxygen (wt %)	Ash (wt %)
Reforming temperature of 250 °C					
BOR	0.13	62.97	5.01	27.97	3.92
Rh	0.08	33.10	2.92	13.02	50.88
Ru	0.07	23.09	1.91	9.55	65.38
Ni	0.09	33.98	2.64	17.53	45.76
Pt	0.06	21.66	2.92	11.73	63.63
Reforming temperature of 300 °C					
BOR	0.13	61.50	5.28	29.17	3.92
Rh	0.09	41.77	3.58	8.53	46.03
Ru	0.08	31.22	2.61	8.69	57.40
Ni	0.09	36.34	3.30	15.11	45.16
Pt	0.08	30.75	2.88	11.39	54.90

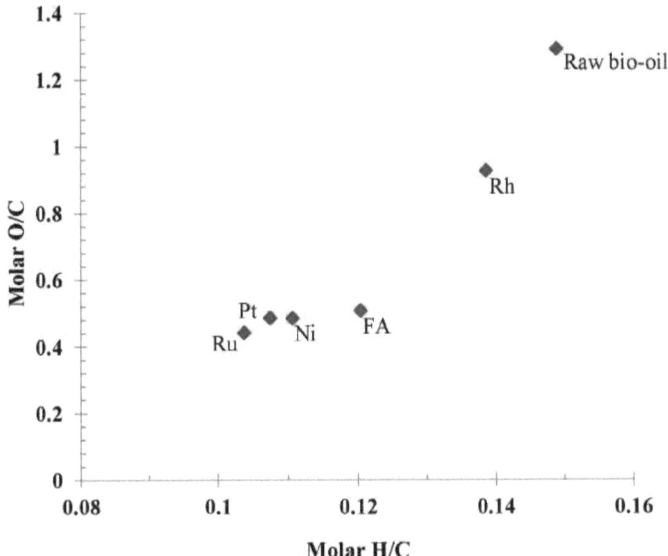

Figura 4.7: Gráfico de Van Klereven do peso médio elementar do óleo do produto sob diferentes catalisadores durante 60 min (250 °C).

Uma apresentação muito útil dos produtos petrolíferos após o tratamento é também a comparação da composição elementar do bio-óleo utilizando o gráfico de Van Krevelen, que mostra claramente os efeitos do processo com diferentes catalisadores. A figura 4.7 mostra os dados elementares médios do bio-óleo bruto em comparação com o bio-óleo reformado em diferentes condições a 250 °C. A figura 4.7 mostra claramente que o bio-óleo bruto contém o rácio O/C mais elevado, o que indica que a composição dos oxigenados químicos complexos é muito elevada. Este facto é suscetível de lhe conferir um baixo poder calorífico, tal como referido na literatura (Bridgwater, 1999). Quando se utilizaram diferentes catalisadores para melhorar o bio-óleo, verificou-se uma redução da quantidade de O/C, o que indica um melhor bio-óleo reformado. O Ru obteve a menor quantidade de oxigénio no óleo final, como se pode ver na Figura 4.7, com uma confirmação da baixa composição de oxigénio na Tabela 4.2. Durante o processo de reforma, o oxigénio é reduzido devido a uma série de reacções como a descarboxilação térmica e a hidrogenação (Mortensen *et al.*, 2011). A descarboxilação termina na produção de dióxido de carbono, enquanto a hidrogenação produz água. Todas estas reacções contribuem para a alteração elementar do bio-óleo. De acordo com Czernik e Diebold (1999), o gás carbónico tem origem na descarboxilação dos ácidos orgânicos presentes no óleo de pirólise (1,910% wt) e pequenas quantidades de CO são também formadas devido à descarbonilação. Verifica-se uma boa redução dos compostos oxigenados, ao mesmo tempo que se pode perder alguma quantidade de carbono devido à formação de dióxido de carbono e de alcanos em resultado da descarboxilação e do cracking. O craqueamento pode acabar por libertar alguns alcanos, como o metano (Wildschut *et al.*, 2009a). O catalisador de ruténio deu o melhor resultado com uma relação molar oxigénio/carbono de 0,48 em comparação com a relação inicial de 1,29 do bio-óleo bruto.

4.4 Balanço do carbono

As tabelas 4.4 e 4.5 mostram claramente o balanço de carbono obtido em diferentes condições durante a experiência. Os produtos formados foram quantificados em carvão, fase gasosa e bio-óleo tratado. Com a composição elementar do bio-óleo não tratado e tratado conhecida e os rendimentos no carvão e no gás, calcula-se a recuperação de carbono. A percentagem em peso do carbono no carvão, no gás e no bio-óleo tratado foi analisada e o balanço do carbono foi efectuado como indicado nos quadros 4.4 e 4.5. O bio-óleo reformado tratado com Ni, Pt e Ru a 250 °C durante 60 minutos mostrou um balanço de massa de carbono perfeito que indicou uma boa tendência com uma perda mínima de carbono de até 9 wt%. Com a percentagem de carbono em peso do carvão e dos gases conhecida a partir da análise, a quantidade de carbono em peso restante no bio-óleo tratado é facilmente calculada para outras condições, assumindo perdas de carbono negligenciáveis; como

% de carbono no bio-óleo reformado = 100 wt% - (% de carbono no carvão + % de carbono no gás)

De um modo geral, a recuperação de carbono no bio-óleo foi baixa a uma temperatura mais elevada (300 °C) do que a uma temperatura mais baixa (250 °C), com muito carbono no carvão ou no gás. As configurações de bio-óleo e ácido fórmico registaram a recuperação de carbono mais baixa e, por conseguinte, a importância da utilização de catalisador neste processo pode ser claramente observada em todos os resultados (Tabelas 4.4 e 4.5). Duan e Savage (2011) observaram que, a uma temperatura mais elevada, a recuperação de carbono do bio-óleo era muito baixa em comparação com uma temperatura mais baixa. Na sua investigação a 530 °C e 430 °C, a recuperação de carbono foi de 23% e 76%, respetivamente, com 25% e 5% de carbono a aparecer na fase gasosa a 530 °C e 430 °C, respetivamente. Para além do gás, o carbono adicional estava presente no coque (carvão). O balanço de carbono a uma temperatura mais elevada é relativamente fraco, uma vez que é provável que ocorra um ligeiro craqueamento que resulta em compostos mais leves que podem evaporar-se facilmente durante o processo de evaporação dos solventes. É muito evidente a partir dos resultados que, a uma temperatura mais baixa (250 °C), o bio-óleo tratado contém mais carbono do que a uma temperatura mais elevada (300 °C), um facto apoiado por Duan e Savage (2011). Concluindo, a recuperação de carbono do bio-óleo é mais elevada a uma temperatura mais baixa do que a uma temperatura mais elevada, pelo que se conclui que não é desejável uma temperatura muito elevada para o hidrotratamento do bio-óleo. O rendimento de carbono é calculado como;

$$Carbon\ yield = \frac{mass\ of\ carbon\ in\ a\ component\ (either\ gas\ or\ char\ or\ oil)}{mass\ of\ carbon\ input\ (bio-oil\ and\ formic\ acid)} \times 100\%$$

Tabela 4.4: Balanço de massa do carbono da reforma do bio-óleo a 250 °C durante 60 min

	%Carbon in gas	%Carbon in char	%Carbon in reformed oil	% Carbon in products
Rh	34.28	19.95	45.77	100
Ni	31.22	25.32	35.15	91.68
Pt	31.98	6.98	55.38	94.34
Ru	32.75	6.48	56.95	96.19
FA	30.99	43.08	25.93	100

Tabela 4.5: Balanço de massa da reforma do bio-óleo a 300 °C durante 60 min

	%Carbon in gas	%Carbon in char	%Carbon in oil	% carbon in products
Rh	28.41	29.09	42.5	100
Ni	31.56	26.88	41.56	100
Pt	30.37	15.59	54.04	100
Ru	29.99	14.4	55.6	100
BOR	31.68	38.47	29.83	100

4.5 Análise do óleo e efeitos da temperatura

A essência deste projeto era garantir um bio-óleo de melhor qualidade com a menor quantidade de oxigenados, uma vez que uma quantidade elevada de oxigénio resulta num baixo valor de aquecimento do óleo (Ruddy *et al.*, 2014). A aplicação do produto petrolífero determina a qualidade do óleo necessário. Esta é a razão pela qual temos de converter quantitativamente o bio-óleo num combustível de transporte com alguns hidrocarbonetos cíclicos e lineares. Uma investigação efectuada por Wildschut (2009a) indica que alguns oxigenados podem até ser mais preferidos para um bom desempenho dos motores. Mas também os ácidos orgânicos são totalmente indesejáveis, uma vez que corroem os materiais do motor. Com a redução dos oxigenados no bio-óleo tratado, isso implica que os ácidos orgânicos também são reduzidos e, por conseguinte, um teor ácido mais baixo (Bridgwater e Peacocke, 2000). A redução dos ácidos orgânicos deve-se possivelmente ao facto de o ácido orgânico ser convertido em dióxido de carbono e de o radical hidroxilo reagir com o hidrogénio para dar água, que também pode ser ácida (Mortensen *et al.*, 2011).

Os resultados das análises de óleo do GC/FID foram categorizados em três fracções de acordo com as suas áreas de pico percentuais para facilitar a explicação. As categorias foram: compostos leves (compostos que eluem até ao fenol - excluindo o pico do solvente), compostos médios (compostos que eluem entre o fenol e o naftaleno) e compostos pesados (compostos que eluem após o naftaleno). O principal composto na fração leve foi o ciclo-hexanol com até 40% de área de pico. Quando a análise do óleo foi efectuada a 250 °C, todos os catalisadores apresentaram melhores qualidades de óleo em comparação com o bio-óleo bruto, como se mostra na Figura 4.8. O Ru apresentou a composição mais elevada dos compostos mais leves (até ao fenol) com 88,5% do óleo recuperado. Outros catalisadores também deram boas quantidades de componentes mais leves (Rh=70%, Ni=64,2% , Pt=57,4%) mas com quantidades relativamente grandes de componentes médios e pesados. Quando se utilizou apenas ácido fórmico sem catalisador, uma fração bastante boa do óleo tratado era constituída por compostos mais leves (68,1%), o que indica que o ácido fórmico forneceu hidrogénio suficiente para a reação de reforma. Isto implica, portanto, que os compostos oxigenados no bio-óleo tratado com catalisador de ruténio foram substancialmente reduzidos, como se pode ver na Figura 4.9. A quantidade de hidrocarbonetos em comparação com os compostos oxigenados no final do tratamento com ruténio aumentou para 3,3 em comparação com o valor inicial de 2,3 do bio-óleo bruto, confirmando uma redução dos compostos oxigenados no bio-óleo bruto. As reacções que contribuíram para a redução dos compostos oxigenados são essencialmente a hidrodesoxigenação, a descarboxilação e a descarbonilação dos ácidos orgânicos presentes no bio-óleo (Czernik e Diebold, 1999).

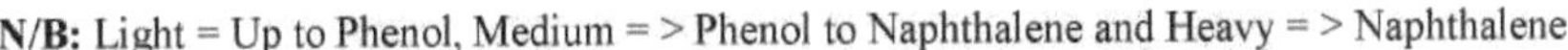

N/B: Light = Up to Phenol, Medium = > Phenol to Naphthalene and Heavy = > Naphthalene

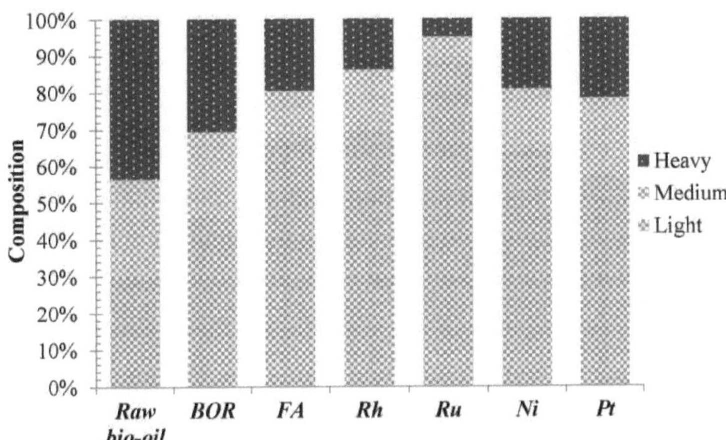

Figura 4.8: Composição percentual da área de pico do bio-óleo reformado a 250 °C

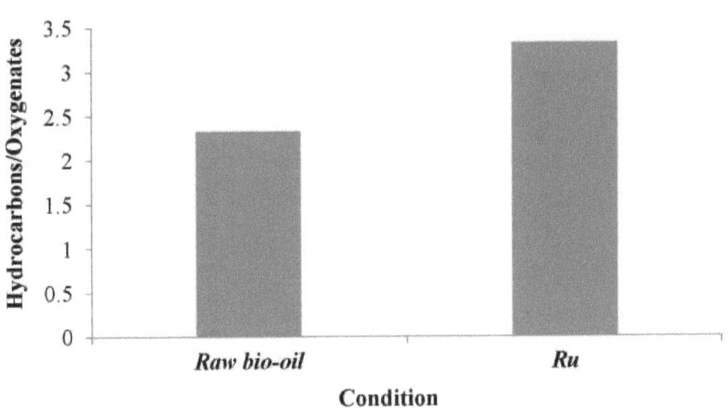

Figura 4.9: Proporção de hidrocarbonetos para oxigenados a 250 °C

Quando a análise do óleo foi efectuada para a reforma a 300 °C, verificou-se ainda uma melhoria da composição do óleo reformado, mas a fração dos compostos mais leves diminuiu com o aumento da composição dos compostos médios e pesados (Figura 4.10). Conclui-se, portanto, que o ruténio se revelou muito promissor na produção de bio-óleo com compostos pouco oxigenados e maioritariamente compostos mais leves, mas a baixa temperatura, como indicado na Figura 4.8.

N/B: Light = Up to Phenol, Medium = > Phenol to Naphthalene and Heavy = > Naphthalene

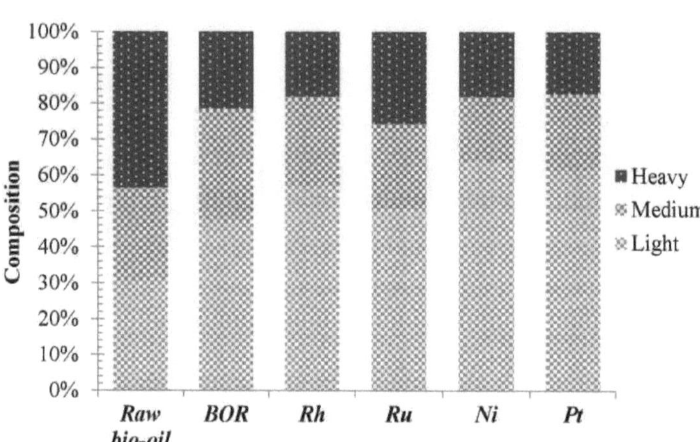

Figura 4.10: Composição percentual do bio-óleo reformado a 300 °C

A comparação das Figuras 4.8 e 4.10 confirma ainda que as temperaturas mais elevadas produzem produtos com uma quantidade elevada de produtos de peso médio e pesado do que as temperaturas mais baixas. Em todos os cenários, os catalisadores utilizados a uma temperatura mais baixa produziram produtos médios e pesados mais baixos do que a temperaturas mais elevadas. Uma temperatura mais elevada está associada ao craqueamento térmico que contribui para a produção de compostos pesados e médios, o que significa que a temperatura de 300 °C foi capaz de craquear os compostos leves em gás, ao mesmo tempo que promoveu reacções secundárias, como a condensação, resultando em compostos de peso molecular pesado (Wildschut *et al.*, 2009a).

CAPÍTULO 5
5.0 CONCLUSÕES E RECOMENDAÇÕES

5.1 Conclusões

O tratamento hidrotérmico catalítico provou ser muito eficaz na alteração da composição química e elementar do bio-óleo de pirólise. Foram comparadas duas temperaturas de reforma diferentes, 250 °C e 300 °C, com a utilização de diferentes catalisadores. Nas configurações com os catalisadores, todas as situações de temperaturas deram origem a um menor teor de oxigénio e a uma maior quantidade de hidrogénio e carbono em comparação com o bio-óleo inicial. Uma instalação com ácido fórmico e bio-óleo (FA) sem catalisador também teve uma alteração louvável na sua composição elementar, mostrando que o hidrogénio fornecido pelo ácido fórmico sob pressão facilitou várias reacções de hidrodesoxigenação. Quando se utilizou apenas bio-óleo, o impacto foi positivo, mas muito pequeno, indicando que a gaseificação térmica assumiu o controlo. O catalisador de ruténio foi o que melhor reduziu tanto a composição elementar do oxigénio como os compostos oxigenados existentes, como se viu na discussão dos resultados, com a razão entre hidrocarbonetos e compostos oxigenados a aumentar de 2,3 para 3,3. Conclui-se, portanto, que o Ru é um catalisador muito promissor com a melhor capacidade de redução de oxigénio. Quando se investigou o efeito da temperatura, verificou-se que uma temperatura mais elevada não proporcionava as qualidades desejadas de bio-óleo, uma vez que o produto petrolífero era dominado por compostos médios e pesados. O Ru a 250 °C apresentava uma percentagem total em peso de 11,49 para os compostos leves e médios, enquanto a 300 °C, a composição total em peso dos compostos médios e leves era de 49,5%. Além disso, uma temperatura mais elevada favorece a produção de uma quantidade elevada de gás e de carvão, associada a uma perda muito grande de carbono no carvão e no gás. Este facto não é desejado, uma vez que reduz o teor de carbono desejado no bio-óleo reformado. A temperatura elevada conduz também ao craqueamento dos alcenos em alcanos superiores, situação que contribui ainda mais para uma maior perda de carbono, mesmo sob a forma de gases.

Um facto importante observado nesta investigação é que a recuperação do bio-óleo não tem qualquer relação previsível com a qualidade do óleo. Um tratamento a 250 °C deu ao ródio 67,0% de recuperação de bio-óleo, mas durante a análise elementar, o Rh ainda exibia um peso de oxigénio de 44,78% com um peso de carbono de 48,43%, em comparação com o ruténio, que tinha uma recuperação de óleo de 60%, mas com um peso de oxigénio de 28,50% e um peso de carbono de 64,66%. Todos eles melhoraram a matéria-prima do bio-óleo bruto após o tratamento mas, no final, o Ru com menor recuperação de óleo teve a melhor qualidade de bio-óleo. Também surgiram outros

59

casos em que a recuperação de bio-óleo foi menor, mas com uma qualidade de bio-óleo pobre, dominada por compostos pesados e elevado peso elementar de oxigénio com baixo rendimento de carbono no bio-óleo tratado. O tratamento hidrotérmico catalítico a 300 °C deu, em geral, um fraco rendimento de bio-óleo, mas elevados rendimentos de gases e carvão. Com os resultados positivos da utilização de catalisadores na melhoria da qualidade do bio-óleo (aumento da percentagem em peso do hidrogénio, da percentagem em peso do carbono e redução da percentagem em peso do oxigénio), é uma indicação clara de que a reforma hidrotérmica catalítica é a forma desejável de produzir combustível para transportes a partir do óleo de pirólise.

5.2 Recomendações

Uma vez que foi utilizado solvente na extração do óleo, é aconselhável garantir que não seja utilizado para uma análise elementar precisa e eficaz, porque o solvente, como o diclorometano, é um composto orgânico constituído por carbono, hidrogénio e cloro e, por conseguinte, pode influenciar a composição elementar da análise do bio-óleo resultante. Além disso, no processo de evaporação dos solventes, é provável que alguns dos compostos leves se evaporem, afectando tanto a composição elementar de carbono como a de hidrogénio. A quantidade de bio-óleo de alimentação deve ser tal que o termopar esteja totalmente dentro dos reagentes para um controlo e estabilidade eficazes da temperatura. Verificou-se que, com uma quantidade muito baixa de matéria-prima, o controlo da temperatura sofre várias flutuações, uma situação que pode afetar os resultados e que é provável que se desenvolva se o termopar estiver suspenso acima da matéria-prima reagente.

CAPÍTULO 6

6.0 REFERÊNCIAS

Ba T, Chaala A, Garcia-Perez M, Roy C. Colloidal. 2004. Propriedades dos bio-óleos obtidos por pirólise em vácuo de casca de madeira macia. Estabilidade de armazenamento. *Energy Fuels* .18 (1).pp, 188 201.

Balat, M., Balat, M., Kirtay, E., & Balat, H. 2009. Main routes for the thermo-conversion of biomass into fuels and chemicals (Principais rotas para a conversão térmica da biomassa em combustíveis e produtos químicos). Parte 1: Sistemas de pirólise. *Energy Conversion and Management*.50 (12), pp. 3147-3157.

Bobleter, O. 1994.Degradação hidrotérmica de polímeros derivados de plantas. *Progress in Polymer Science* .19 (5).pp, 797-841.

Boomer, E. H.; Argue, G. H.; Edwards, J. 1935.*Can. J. Res.* 1313(1935).*p,* 343.

Bridgwater AV. 1996. Produção de combustíveis e produtos químicos de alta qualidade a partir da pirólise catalítica da biomassa. *Catalysis Today* .29 (1-4), pp. 285-295.

Bridgwater, A. V. 1999. Principles and practice of biomass fast pyrolysis processes for liquids (Princípios e práticas de processos de pirólise rápida de biomassa para líquidos). *Journal of Anal Appl Pyrolysis.* 5(1), pp.3-22.

Bridgwater, A.; Peacocke, G. 2000.Fast pyrolysis processes for biomass. *Renew. Sustain. Energy Rev.* 4(1), pp. 1-73.

Bridgwater, A.V.2012. Revisão da pirólise rápida da biomassa e da atualização de produtos: *Biomassa e Bioenergia*.38 (2012).pp, 68-94

Brooks, K. P., Hu, J., Zhu, H., & Kee, R. J. 2007. Metanação de dióxido de carbono por redução de hidrogénio utilizando o processo Sabatier em reactores de microcanais. Ciência da Engenharia Química, 62(4), 1161-1170.

Bulushev, D.A., e Ross, J.R.H. 2011. Catalysis for conversion of biomass to fuels via pyrolysis and gasification: *A review. Catalysis Today*.171 (1), pp. 1-13.

Carpenter, D.Westover, T.L, Jablonski.W.2014. Matérias-primas de biomassa para a produção de combustível renovável: uma revisão dos impactos da matéria-prima e do pré-tratamento no rendimento e na distribuição de produtos de bio-óleos e vapores de pirólise rápida. . *"Green Chemistry"* 16(2), pp. 384-406.

Centeno A, Laurent E, Delmon B. 1995. Influência do suporte dos catalisadores de sulfureto de CoMo e da adição de potássio e platina nos desempenhos catalíticos para a hidrodeoxigenação de moléculas do tipo carbonilo, carboxilo e guaiacol. *Journal of catalysis*.154 (2), pp.288-298.

Cheng, Y.T.; Huber, G.W. 2011.Química da conversão de furano em aromáticos e olefinas sobre

HZSM-5: Um modelo de reação de conversão de biomassa. *ACS Catal.* 1(6).pp. 611-628.

Czernik, S.; Diebold, J. 1999. Fast pyrolysis of biomass: *a handbook (Vol. 1)*. A. V. Bridgwater (Ed.). CPL press.

Czernik, S.;Bridgwater AV. 2004.Overview of application of biomass fast pyrolysis oil.*Energy Fuels*.18(2),pp.590-598.

de Miguel Mercader, F., Groeneveld, M. J., Kersten, S. R. A., Way, N. W. J., Schaverien, C. J., & Hogendoorn, J. A. 2010. Produção de biocombustíveis avançados: Co-processamento de óleo de pirólise melhorado em unidades de refinaria padrão. *Applied Catalysis B: Environmental.* 96(1), pp. 57-66.

Diebold, J. P. 2003. A review of the toxicity of biomass pyrolysis liquids formed at low temperatures. *In fast pyrolysis of biomass:a handbook*; Bridgwater, A.V., Ed.; CPL Scientific Publishing: Newbury,UK, pp. 135-163.

Duan, P., & Savage, P. E. (2011). Tratamento catalítico de bio-óleo de algas brutas em água supercrítica: estudos de otimização. *Energia e Ciência Ambiental.* 4(4), pp. 1447-1456.

Echeandia S, Arias PL, Barrio VL, Pawelec B, Fierro JLG. 2010. Efeito sinérgico na HDO do fenol sobre catalisadores Ni-W suportados em carvão ativo: Efeito dos precursores de tungsténio. *Applied catalysis B: Ambiental*.101 (1), pp. 1-12.

Eilos, I., Pyhalahti, A., Nurminen, M., & Purola, V. M. (2009). Patente dos EUA nº 7.473.811. Washington, DC: Escritório de Patentes e Marcas Registradas dos EUA.

Elliott D.C., & Neuenschwander, G.G. 1997. Liquid fuels by low-severity hydrotreating of bio-crude. Em *Developments in thermochemical biomass conversion* 1(1997), pp. 611621.

Elliott DC. 2007. Desenvolvimentos históricos no hidroprocessamento de bio-óleos. *Energia & Combustíveis*.21 (3), pp.1792-1815.

Elliott, D. C. 2008. Catalytic hydrothermal gasification of biomass (Gaseificação hidrotérmica catalítica da biomassa). *Biocombustíveis, Bioprodutos e Biorefinação.* 2(3), pp. 254-265.

Elliott, D. C. e Baker, E. G. 1984. "Upgrading Biomass Liquefaction Products Through Hydrodeoxygenation," in Biotechnology and Bioengineering, Symposium No. 14, John Wiley and Sons, New York.

Elliott, D. C., Hart, T. R., Neuenschwander, G. G., Rotness, L. J., & Zacher, A. H. 2009. Catalytic hydroprocessing of biomass fast pyrolysis bio-oil to produce hydrocarbon products (Hidroprocessamento catalítico de bio-óleo de pirólise rápida de biomassa para produzir produtos de hidrocarbonetos). *Progresso ambiental e energia sustentável. 28*(3), pp. 441-449.

Elliott, D. C., Schiefelbein, G. F. 1989. Preprints of papers American Chemical Society, Division of fuel chemistry. 34(1989), p. 1160.

Elliott, D. C.; Baker, E. G.; Piskorz, J.; Scott, D.S.; Solantausta, V. 1988. Produção de combustíveis líquidos de hidrocarbonetos a partir de turfa. *Energy & Fuels*, 2(2), 234-235.

Elliott, D.C.; Neuenschwander, G.G.; Hart, T.R.; Hu, J.; Solana, A.E.; Cao, C. 2006.Hydrogenation of Bio-Oil for Chemical and Fuel Production. In: Bridgwater, A.V.;Boocock, D.G.B., editores. Science in Thermal and Chemical Biomass Conversion. CPL Press: Newbury Berks, 1536.

Elliott, D.C, Hart, T. R, Neuenschwander, G. G, Rotness, L. J, Olarte, M. V, Zacher, A. H e Solantausta, Y. 2012. Catalytic hydroprocessing of fast pyrolysis bio-oil from pine sawdust, *Energy Fuels*.26 (6).pp, 3891- 3896.

Furimsky, E.2000.Catalytic hydrodeoxygenation. *Revisão*. 199 (2000), pp.147-190

Gagnon, J., & Kaliaguine, S. 1988. Catalytic hydrotreatment of vacuum pyrolysis oils from wood. Industrial & engineering chemistry research, 27(10), 1783-1788.

Gandarias, I., & Arias, P. L. 2013. *Processos catalíticos de hidrotratamento para remoção de oxigénio no melhoramento de bio-óleos e bioquímicos*. Z. Fang (Ed.). INTECH Open Access Publi sher .http://dx.doi.org/10.5772/52581

Gayubo, A.G.; Aguayo, A.T.; Atutxa, A.; Aguado, R.; Bilbao, J. 2004.Transformação de componentes oxigenados do óleo de pirólise de biomassa num zeólito HZSM-5. I. Álcoois e fenóis. *Ind. Eng.Chem.Res.*, 43(11).pp, 2610-2618.

Girgis,M.J e Gates,B.C.1991.Reactividades, redes de reação e cinética no hidroprocessamento catalítico a alta pressão. *Ind. Eng. Chem. Res.* 30 (9), pp. 2021-2058.

Grirard, P e Blin, J. 2005. Aspectos ambientais, de saúde e segurança relacionados com a pirólise. In: Bridgwater AV, editor. Fast pyrolysis of biomass a handbook, vol. 3.pp, 1-217. Newbury, Reino Unido: CPL Press.

Gutierrez A, Kaila RK, Honkela ML, Slioor R, Krause AOI. 2009. Hidrodesoxigenação de guaiacol em catalisadores de metais nobres. *Catalysis today* .147 (3-4), pp. 239-246.

Huber, G.W., Iborra,S e Corma,A.2006. Síntese de combustíveis para transportes a partir de biomassa: química, catalisadores e engenharia. *Chem. Rev.* 106(9).pp, 4044-4098.

Imai, H., Nishiguchi, T., & Fukuzumi, K. (1974). Hidrogenação de transferência e hidrogenólise de transferência. II. Atividade catalítica de alguns complexos solúveis na transferência de hidrogénio de álcoois para olefinas e o mecanismo da reação catalisada por hidridotetraquis (trifenilfosfina) ródio (I). *The Journal of Organic Chemistry*, 39(12), 1622-1627.

Imai, H., Nishiguchi, T., & Fukuzumi, K. 1976. Hidrogenação de transferência e hidrogenólise de transferência. IX. Transferência de hidrogénio de compostos orgânicos para aldeídos e cetonas catalisada por dihidridotetraquis (trifenilfosfina) ruténio (II). *Journal of Organic Chemistry* .41(4), pp. 665-671.

Jahirul, M. I., Rasul, M. G., Chowdhury, A. A., & Ashwath, N. 2012. Produção de biocombustíveis através da pirólise de biomassa - uma revisão tecnológica. *Energies*. *5*(12), pp.4952-5001.

Jones, S., Valkenburg, C., Walton, C., Elliott, D., Holladay, J., Stevens, D., Kinchin, C e Czernik, S.2009.Production of Gasoline and diesel from Biomass via Fast Pyrolysis,Hydrotreating and Hydrocracking: a Design Case, PNNL, Richland, Wa.

Klass, D.L. 1998. Biomass for renewable energy, fuels, and chemicals. San Diego, CA: Academic Press.

Kubickova, I., Snare, M., Eranen, K., Maki-Arvela, P., & Murzin, D. Y. 2005. Hidrocarbonetos para combustível diesel através da descarboxilação de óleos vegetais. *Catalysis Today*. 106(1), pp.197200.

Laurent, E., & Delmon, B. 1994. Influência da água na desativação de um catalisador sulfatado NiMoY-Al2O3 durante a hidrodeoxigenação. *Journal of Catalysis*.146(1), pp.281-291.

Maschio,G. Koufopanos,C e Lucchesi,A. 1992. Pyrolysis, a Promising Route for Biomass Utilization:*Bioresource Technology*. 42 (3), pp. 219-231.

Masende, Z. P. G., Kuster, B. F. M., Ptasinski, K. J., Janssen, F. J. J. G., Katima, J. H. Y., & Schouten, J. C. (2005). Cinética da degradação do ácido malónico em fase aquosa sobre catalisador de Pt/grafite. *Applied Catalysis B: Environmental*.56(3), 189-199.

Milne, T. A.; Agblevor, F.; Davis, M.; Deutch, S.; Johnson, D. 1997. In developments in thermal biomass conversion; Bridgwater, A. V., Boocock, D. G. B., Eds.; Blackie Academic and Professional: Londres, Reino Unido.

Mohan, D. Pittman, C. U. Jr. Steele, P. H. 2006. Pirólise de madeira/biomassa para obtenção de bio-óleo: Uma revisão crítica. *Energy & Fuel*. *20*(3), pp. 848-889.

Mortensen, P.M, Grunwaldt J, Jensen, P.A, Knudsen, K.G, Jensen AD. 2011. Uma revisão da transformação catalítica de bio-óleo em combustíveis para motores. *Applied Catalysis A: General* .407 (1).pp, 1-19.

Navarro, R. M., Pena, M. A., & Fierro, J. L. G. 2007. Reacções de produção de hidrogénio a partir de matérias-primas de carbono: combustíveis fósseis e biomassa. *Chemical Reviews*. 107(10),pp. 39523991.

Nishiguchi, T. Tachi, K e Fukuzumi, K. 1975. *J. Org. Chem.,* 40(1975).pp, 237-240

Oasmaa A, Czernik S.1999.Fuel oil quality of biomass pyrolysis oils-state of the art for the end user. *Energy Fuels*.13 (4), pp.914-21.

Onwudili, J. A., & Williams, P. T. 2016. Conversão catalítica de bio-óleo em água supercrítica: Influência dos catalisadores RuO 2/y-Ai 2 O 3 nas eficiências de gaseificação e na produção de bio-metano. Applied Catalysis B: Environmental,180, 559-568.

Onwudili.J.A e Williams, P. T.2008. Gaseificação e oxidação hidrotérmica como tecnologias eficazes de conversão sem chama para resíduos orgânicos. *Jornal do Instituto de Energia*.8 (2)

Osada, M., Sato, O., Arai, K., & Shirai, M. 2006. Estabilidade de catalisadores de ruténio suportados para gaseificação de lenhina em água supercrítica. *Energy & Fuels*.20 (6), pp.2337-2343.

Oshima, M. 1965. "Wood Chemistry Process Engineering Aspects", Chemical Process Monograph Series No 11, Noyes Development Corp, Nova Iorque

Parapati, D.R e Steele, P.H. 2014. Triagem de catalisadores para o hidroprocessamento catalítico de estágio único de bio-óleo em um reator contínuo de leito empacotado para a produção de combustível de hidrocarboneto. *Jornal de produtos florestais e indústrias*. 3(6).pp, 266-277.

Ravenelle RM, Copeland JR, Kim W, Crittenden JC, Sievers C. 2011. Mudanças estruturais de i - Ai^3_2 Catalisadores suportados por O3 em água líquida quente. *ACS Catalysis*; 1 (5), pp. 552-561.

Comissão Real sobre Poluição Ambiental.2004. Biomass as a Renewable Energy Source. Westminster, London SW1P 3JS.[Online].[Acedido em 23/04/2014].Disponível   em http://www.biomassenergycentre.org.uk/pls/portal/docs/PAGE/RESOURCES/REF   L   IB RES/PUBLICATIONS/RCEP%20BIOMASS%20REPORT.PDF

Ruddy, D. A., Schaidle, J. A., Ferrell III, J. R., Wang, J., Moens, L., & Hensley, J. E.2014. Avanços recentes em catalisadores heterogéneos para a atualização de bio-óleo via "pirólise rápida catalítica ex situ": desenvolvimento de catalisadores através do estudo de compostos modelo. *Química Verde*, 16(2), 454-490.

Sheu, Y. H. E., Anthony, R. G., & Soltes, E. J. 1988. Kinetic studies of upgrading pine pyrolytic oil by hydrotreatment. Fuel processing technology, 19(1), 31-50.

Sinha, S.; Jhalani, A.; Ravi, M. R.; Ray, A.J.2000.Solar Energy Society of India (SESI), 10(1), pp, 41-62

Tillman, D. A., Duong, D., Miller, B. G, Bradley, L. C. e Wincek, R. T.2009.Proc. PowerGen Internat. Las Vegas, NV.

Tsai, W. T., Lee, M. K., & Chang, Y. M. 2007. Pirólise rápida da casca de arroz: rendimentos e composições dos produtos. *Bioresource Technology*.98 (1), pp. 22-28.

Vasilakos, N. P., & Austgen, D. M. 1985. Solventes doadores de hidrogénio na liquefação de biomassa. *Industrial & Engineering Chemistry Process Design and Development*. 24(2), pp. 304311.

Vassilev, S. V., Baxter, D., Andersen, L. K., Vassileva, C. G., & Morgan, T. J. 2012. Uma visão geral da composição da fase orgânica e inorgânica da biomassa. *Fuel*. 94(2012), pp.1-33

Venderbosch, R.H, Ardiyanti, A.R, Wildschut J, Oasmaa A, Heeres HJ. 2010. Estabilização de óleos de pirólise derivados de biomassa. *Jornal de tecnologia química e biotecnologia* .85 (5).pp, 674-686.

Wang, H., Male e Wang, Y.2013. Avanços recentes no hidrotratamento do bio-óleo de pirólise e seus compostos modelo contendo oxigénio. *Revisão da Sociedade Americana de Química*. 3(5).pp, 1047-1070.

Wildschut, J e Heeres, H.J.2008. Estudos experimentais sobre o melhoramento do óleo de pirólise rápida para combustíveis líquidos de transporte, documentos pré-impressos - Sociedade Americana de Química, divisão de química de combustíveis. 53(1), pp.349-350.

Wildschut, J., Arentz, J. Rasrendra, C.B., Venderbosch, R.H e Heeres, H.J.2009a.Catalytic hydrotreatment of fast pyrolysis oil: model studies on reaction pathways for the carbohydrate fraction.*Environmental progress & sustainable energy.28* (3), pp. 450460. Wiley Online Library.

Wildschut,J., Mahfud, F.H., Venderbosch, R.H.,Heeres. H.J. (2009b). Ind. Eng. Chem. Res.48 10324-10334.

Yaman, S. 2004. Pyrolysis of biomass to produce fuels and chemical feedstocks (Pirólise da biomassa para produzir combustíveis e matérias-primas químicas): *Energy Conversion and Management*. 45 (5), pp. 651-671.

Zacher, A.H, Olarte, M.V, Santosa, D.M, Elliott, D.C e Jones, S.B.2014. Uma revisão e perspetiva da pesquisa recente de hidrotratamento de bio-óleo: *Green Chem Journal*. 16(2), pp. 491-515.

Zhang, Q., Chang, J., Wang, T., & Xu, Y. 2007. Revisão das propriedades do óleo de pirólise de biomassa e investigação de melhoramento. Energy conversion and management. 48(1), pp.87-92.

Zhang, Z., Sui, S., Wang, F., Wang, Q., & Pittman, C. U. 2013. Conversão catalítica de BioOil em combustíveis contendo oxigénio por reação catalisada por ácido com olefinas e álcoois sobre ácido sulfúrico de sílica. *Energias* 6(9), pp.4531-4550.

I want morebooks!

Buy your books fast and straightforward online - at one of world's fastest growing online book stores! Environmentally sound due to Print-on-Demand technologies.

Buy your books online at
www.morebooks.shop

Compre os seus livros mais rápido e diretamente na internet, em uma das livrarias on-line com o maior crescimento no mundo! Produção que protege o meio ambiente através das tecnologias de impressão sob demanda.

Compre os seus livros on-line em
www.morebooks.shop

Printed by Books on Demand GmbH, Norderstedt / Germany